JN437689

개정판

새로 쓴 조리원리실습

FOODS LABORATORY MANUAL

개정판

새로 쓴 조리원리실습

감수 손경희·윤계순·류은순·이명희

민성희·신원선·정혜정·채선희
김지향·박옥진·최미경

수학사

머리말

『새로 쓴 조리원리실습』이 세상에 나온 것이 2010년이니 14년 만에 개정판을 선보이게 되었다. 개정판이 늦어지게 된 것은 필자 각자의 사정과 게으름이 일차적인 원인이지만, 그간 대학 커리큘럼의 변화와 대학 사회 및 출판 환경이 변화한 것에도 약간의 핑계를 대어본다.

현대 사회는 예전보다 '잘 먹는 것'에 대해 더 많은 관심을 기울이고 있으며, 식품과 영양에 대한 일반인들의 지식은 예전과는 비교할 수 없게 성장하였다. 물론 이러한 긍정적인 변화 이면에는 옥석을 가리기 힘들만큼의 무분별한 정보의 홍수와 극단적이고 선정적인 식품 광고 등 부정적인 측면이 함께 존재한다. 그럼에도 불구하고 사회 전반적으로 식품과 영양에 대한 이해도가 높아졌으며 이에 따라 식품 영양 전문가를 배출해 내는 대학 교육은 전문성은 물론이고 훨씬 더 정교하고 체계적인 교육 도구가 필요하게 되었다. 특히 응용과학인 조리과학 분야는 초판의 머리글에서 밝힌 것과 같이 이론 강의만으로는 완성되지 않으며, 이를 현실적으로 구현해내는 실습 교육이 반드시 필요하다. 모든 교육 현장에서 이러한 사실을 충분히 이해하고 이해시키며 실습 교육에 충분한 시간과 재화, 노력을 투입하는 것이 가장 이상적이겠으나 현실적으로는 여러 가지 어려움에 당면하게 될 수밖에 없다. 한정된 시간과 재화 속에서 체계적이고 효율적으로 교육 목표를 수행하기 위한 길잡이 실습서가 필요하다는 사실은 예전이나 지금이나 변함이 없을 것이다.

본 개정판은 초판의 틀과 내용을 크게 훼손하지 않은 채 실험의 내용에 변화를 주어 변화된 식품학적 관심에 좀 더 충실하고자 하였다. 총 15개의 장으로 구성하여 각 장을 영양소 중심이 아니라 당류, 전분, 곡류, 서류, 두류, 가루 제품, 유지, 채소, 과일, 한천 및 해조류, 수조육류, 어패류, 달걀, 우유 및 유제품 등 일상생활에서 흔히 사용하는 식품군별로 나누어 학생들이 보다 쉽게 식품을 이용한 실습을 이해할 수 있도록 하였다. 또 부록에는 계량단위와 온도의 환산, 기초 측정법 등을 배치해 실습에 익숙하지 않은 학생들에게 도움이 되도록 하였다.

본 교재의 집필 방향 중 하나는 학생들이 식품 자체를 친숙하게 익히고, 실험의 목적을 쉽게 이해하고 따라 할 수 있도록 하는 데 있다. 1인 가구가 늘어나고 가정에서 조리하지 않는 경우가 늘어나면서 식품 재료가 생소한 학생들이 많은 것이 교육 현장의 현실이므로 이러한 학생들에게 되도록 많은 종류의 식품을 소개하도록 노력하였다. 또한 쉽게 실습을 수행할 수 있도록 필요한 재료와 기구, 도구 등은 이해하기 쉽고 계량하기 편리한 도구와 단위를 사용하였다. 실험 방법을 구체적으로 제시하였으며 학생들이 실습 후 실험 실습 결과를 직접 기록할 수 있도록 함으로써 피드백 과정을 용이하게 하였다.

저자 모두는 본 교재에 최신의 정보와 실습 방법을 전달하기 위해 노력하였으나 앞으로도 지속적인 개선이 필요하리라고 생각되며 이를 위해 계속 노력할 것을 약속드린다. 오랜만에 새로운 옷을 입고 세상에 나오게 된 이 책이 장차 식품 영양 전문가가 될 많은 학생들에게 든든한 지침서가 될 수 있기를 바란다. 마지막으로 14년 전의 책을 개정판으로 출간하기까지 관심과 도움을 주신 수학사 이영호 사장님과 편집을 맡아주신 모든 분들께 깊은 감사를 드린다.

2024년 2월 저자 일동

차례

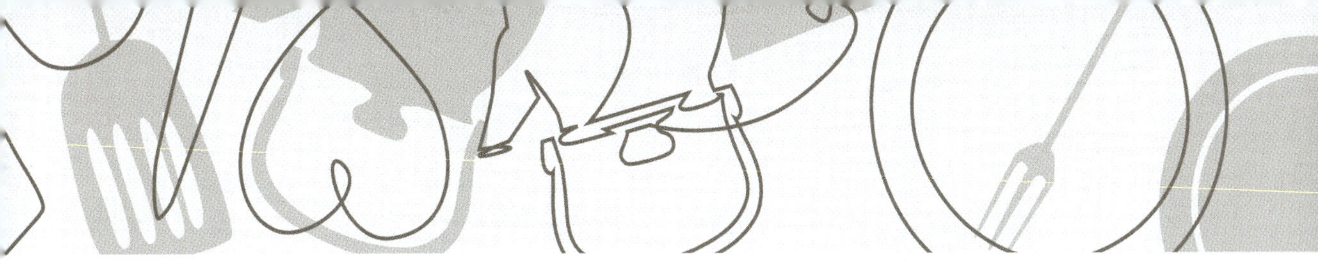

제1장

조리의 기초

식품 조리에서 계량을 정확하게 하는 것은 가장 기본적인 활동으로서 원하는 음식을 만드는 데 필수적인 과정이며, 항상 일정한 맛과 영양가를 유지하는 데 중요하다. 그러므로 각 계량기구의 용도를 알고 정확하게 계량하는 방법 및 기술을 습득하고, 이에 따라 목측량을 익히는 것은 숙련된 조리를 위해 필수적이라 할 수 있다.

학습목표

1. 조리에 사용되는 각 계량기구의 용도를 안다.
2. 일반용기와 표준 계량용기로 계량한 식재료의 부피 및 무게를 확인하고 학습자가 생각하고 있는 목측량과 비교해 본다.
3. 각종 재료의 측정 방법에 따른 무게를 측량하고 표준 무게를 알아내어 학습자의 목측량과 비교해 보는 과정을 통해 측정 방법과 기술을 익힌다.
4. 물이 가열되는 과정에서 온도가 증가함에 따른 물의 상태를 관찰한다.

실험내용

실험 ① 조리 시 사용하는 기본 계량기구

실험 ② 표준 계량용기의 부피 및 무게

실험 ③ 각종 재료의 표준 계량법

실험 ④ 가열 온도에 따른 물의 변화

실험 1

조리 시 사용하는 기본 계량기구

조리에 사용되는 기본 계량기구를 살펴보고 용도를 알아본다.

BACKGROUND

부피를 측정하는 데 필요한 계량기구와 무게를 측정하는 데 필요한 계량기구는 다르다. 그러므로 계량 시에 필요한 기구들을 잘 파악하고 정확하게 사용해야 조리 시 측정 오차를 줄일 수 있다.

KEYWORDS

계량컵, 계량스푼, 저울, 온도계

1. 부피 측정 계량기구

부피를 측정하는 기구로는 계량컵(액체), 계량스푼, 메스실린더, 피펫 등이 있다.

계량컵에는 일반 계량컵과 액체 계량컵이 있다. 일반 계량컵은 불투명하며 1 C, 1/2 C, 1/3 C, 1/4 C으로 구성되어 있다. 액체 계량컵은 투명하고, 액체의 부피를 측정할 때 사용한다. 보통 1 C 용량으로 되어 있고 일정 간격으로 눈금이 새겨져 있다. 1 C의 국제 표준 부피는 240 mL이나 우리나라에서는 200 mL를 1 C으로 정하고 있다.

작은 양을 계량할 때는 계량스푼을 이용하는데 1 Tsp, 1 tsp, 1/2 tsp, 1/4 tsp으로 구성되어 있다.

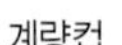

계량컵

액체 계량컵

계량스푼

그림 1-1 부피를 측정하는 계량기구

2. 무게 측정 계량기구

무게를 측정할 때는 저울을 사용한다. 저울에는 아날로그 저울과 전자저울이 있다. 저울을 사용할 때는 반드시 수평한 곳에서 영점을 맞춘 후 측정하고자 하는 물체를 한가운데에 올려놓고 무게를 측정해야 한다.

아날로그 저울

전자저울

그림 1-2 무게를 측정하는 계량기구

3. 기타 도구

조리 시 필요한 기타 측정 도구로는 온도계, 염도계 등이 있으며, 조리 시간을 측정할 때는 타이머를 이용하기도 한다.

중심온도계

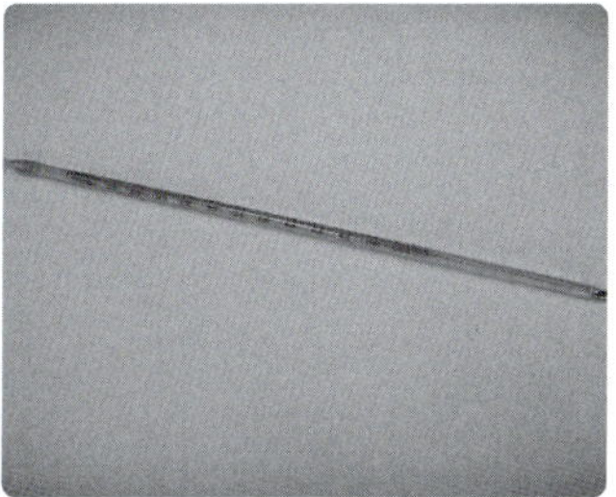

수은온도계

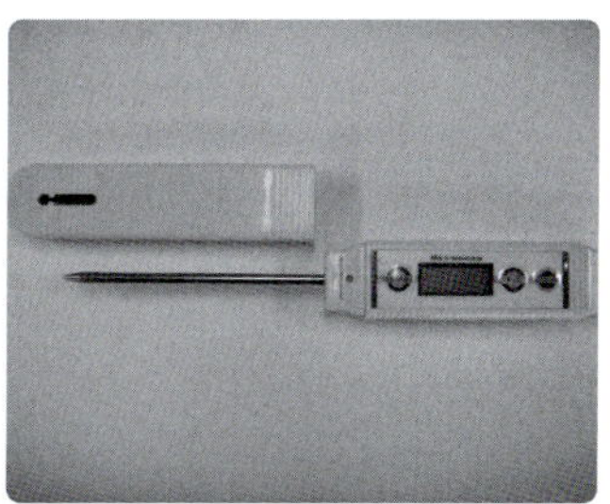

중심디지털온도계

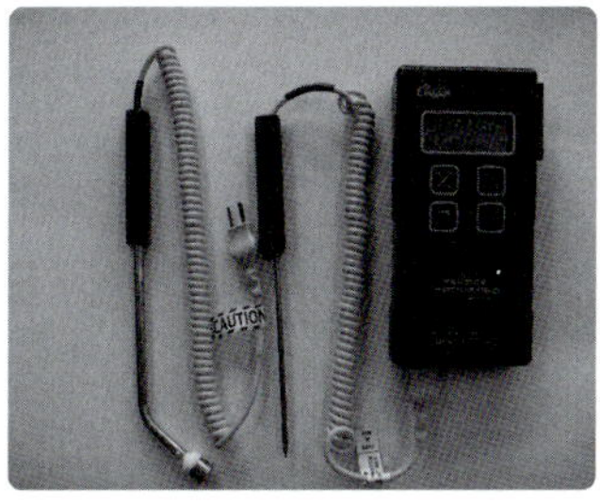

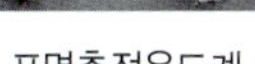

표면측정온도계

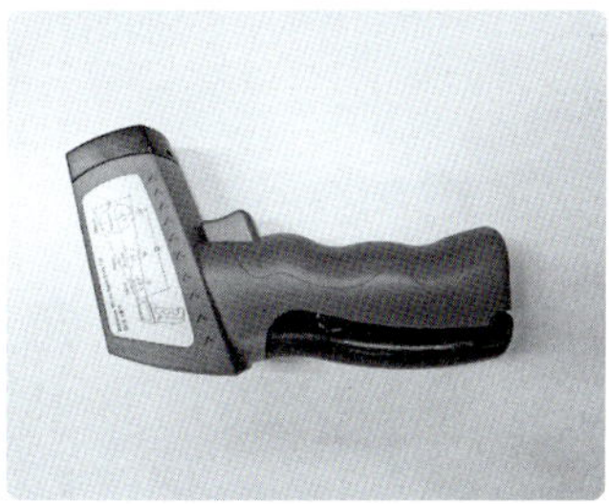

비접촉식온도계

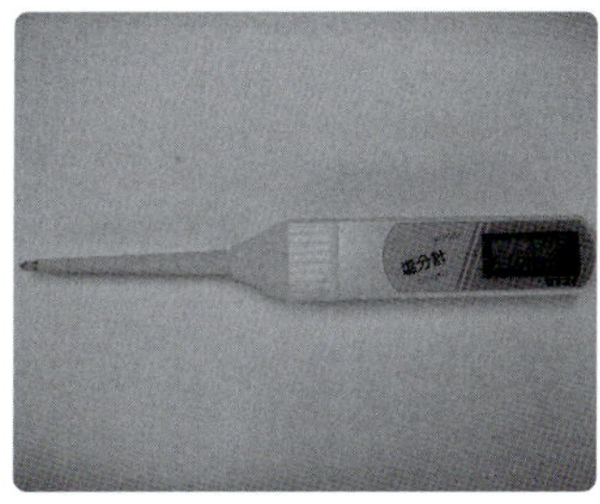

염도계

타이머

그림 1-3 기타 조리 도구

실험 2

표준 계량용기의 부피 및 무게

일반용기와 표준 계량용기로 계량한 식재료의 부피 및 무게를 확인하고 학습자가 생각하고 있는 목측량과 비교해 본다.

BACKGROUND

정확한 계량은 조리의 기본 기술이다. 본 실험에서는 일반용기와 계량용기로 계량한 식재료의 부피와 무게를 비교하고 그 정확성을 검사하며, 정확하게 계량하는 방법 및 기술을 익힌다.

KEYWORDS

표준 계량용기, 부피, 무게

재료

물

기구 및 도구

표준 계량용기(계량컵, 계량스푼)
일반용기(식탁용 스푼, 티스푼, 국그릇, 밥그릇, 커피잔, 유리컵 등)
전자저울, 메스실린더(250 mL)
피펫(1 mL, 10 mL) 각 1개

실험 방법

1 표준 계량용기로 측정한 식재료의 부피를 확인하기 위하여, 적정 용량의 메스실린더나 피펫을 사용하여 계량한 물의 부피를 측정한다.

2 표준 계량용기로 식재료의 무게를 측정하기 위하여 각 표준 계량용기에 해당하는 계량컵을 저울 위에 올려놓고 무게를 측정한 후, 여기에 물을 1/4~1 C까지 차례로 채우면서 무게를 측정한 다음, 마지막에 계량컵의 무게를 뺀다.

3 위의 방법대로 3회 반복 측정하고 평균값을 낸다.

4 표준 계량용기 대신 일반용기의 부피 및 무게를 위 방법대로 측정하고 3과 비교한다.

실험 결과

표준 계량컵과 일반용기로 측정한 물의 부피와 무게

계량 기구		부피(mL)						무게(g)					
		목측량	1회	2회	3회	평균	표준 부피	목측량	1회	2회	3회	평균	표준 무게
표준 계량 용기	1/4 C												
	1/3 C												
	1/2 C												
	1 C												
일반 용기	국그릇												
	밥그릇												
	커피잔												
	유리잔												

표준 계량스푼과 일반용기로 측정한 물의 부피

계량 기구		부피(mL)					
		목측량	1회	2회	3회	평균	표준 부피
표준 계량 용기	1 Tsp						
	1 tsp						
	1/2 tsp						
	1/4 tsp						
일반 용기	식탁용 스푼 Ⅰ						
	식탁용 스푼 Ⅱ						
	티스푼 Ⅰ						
	티스푼 Ⅱ						

결과 고찰

실험 3 각종 재료의 표준 계량법

각종 재료의 측정 방법에 따른 무게를 측량하고 표준 무게를 알아내어 학습자의 목측량과 비교해 보는 과정을 통해 측정 방법과 기술을 익힌다.

BACKGROUND

각종 식품들은 각각의 특성에 따라서 동일한 계량기구를 사용하여도 계량 방법에 따라 무게가 다르므로 계량기구를 이용하여 식품 재료의 부피 및 무게를 파악하고 계량하는 방법을 터득한다.

KEYWORDS

표준 계량법, 밀가루, 설탕, 마가린, 식용유

1. 밀가루(중력분)의 계량

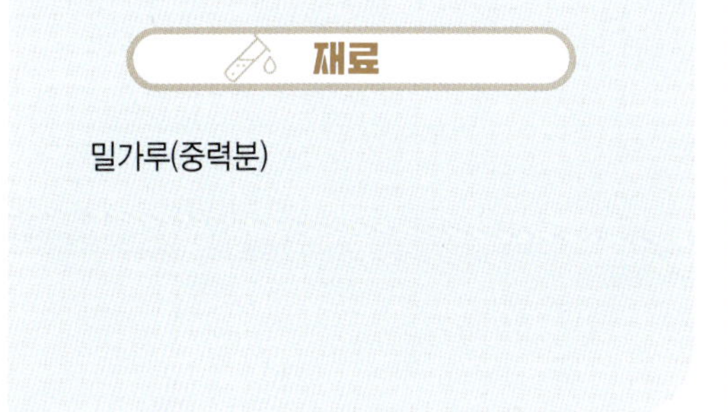

재료

밀가루(중력분)

기구 및 도구

계량컵
체, 스패튤라, 전자저울

실험 방법

1 다음의 4가지 방법으로 밀가루 1 C의 무게를 측정한다.

2 측정 시 컵 외부에 묻은 밀가루를 깨끗이 닦아낸다.

3 3회 반복 측정한다.

(주의) 반복 측정 시 이미 체에 쳤던 밀가루는 다시 이용하지 않는다.

측정 방법

방법 A 체에 치지 않은 상태의 밀가루를 1 C 계량컵으로 퍼서 담은 후, 윗면은 스패튤라로 평평하게 깎은 후 무게를 측정한다.

방법 B 체에 치지 않은 상태의 밀가루를 스푼으로 퍼서 계량컵에 담은 후, 윗면은 스패튤라로 평평하게 깎은 후 무게를 측정한다.

방법 C 밀가루를 체에 친 다음 스푼으로 떠서 계량컵에 담은 후, 윗면은 스패튤라로 평평하게 깎은 후 무게를 측정한다.

방법 D 밀가루를 계량컵 위에서 직접 체를 쳐서 담은 후, 윗면은 스패튤라로 평평하게 깎은 후 무게를 측정한다.

실험 결과

밀가루(중력분) 1 C의 무게

측정 방법	목측량	1회	2회	3회	평균	표준 무게
방법 A						
방법 B						
방법 C						
방법 D						

결과 고찰

2. 설탕(백설탕, 흑설탕)의 계량

실험 방법

백설탕

1 백설탕을 덩어리가 없도록 잘 부수어서 가루로 만든 후 1 C 계량컵으로 퍼서 담은 다음 윗면을 스패튤라로 평평하게 깎은 후 무게를 측정한다.

2 3회 반복 측정한다.

흑설탕

방법 A

1 흑설탕을 덩어리가 없도록 잘 부수어 1C 계량컵에 꾹꾹 눌러서 담은 다음 윗면을 스패튤라로 평평하게 깎은 후 무게를 측정한다(이때 계량컵을 거꾸로 해서 흑설탕을 꺼냈을 때 컵 모양 그대로 유지되어야 한다).

2 3회 반복 측정한다.

방법 B

1 흑설탕을 계량컵에 누르지 않고 담은 다음 윗면을 스패튤라로 평평하게 깎은 후 무게를 측정한다.

2 3회 반복 측정한다.

(주의) 측정 시 컵 외부에 묻은 설탕은 깨끗이 닦아낸다.

실험 결과

설탕 1 C의 무게

측정 방법		목측량	1회	2회	3회	평균	표준 무게
백설탕							
흑설탕	방법 A						
	방법 B						

결과 고찰

3. 고체 지방(마가린)의 계량

재료

마가린

기구 및 도구

계량컵, 스패튤라
전자저울

실험 방법

1 마가린은 반고체 상태의 부드러운 것을 이용한다.
2 1 C 계량컵에 빈 공간이 없도록 눌러 담은 다음 윗면을 스패튤라로 평평하게 깎은 후 무게를 측정한다.
3 3회 반복 측정한다.

실험 결과

마가린 1 C의 무게

측정 방법	목측량	1회	2회	3회	평균	표준 무게
마가린						

결과 고찰

4. 액체 지방(식용유)의 계량

실험 방법

1 1 C 계량컵 무게를 계량한 후 식용유를 담아 무게를 측정한다.

2 계량컵에 담긴 식용유를 다른 용기에 부은 후 남은 식용유가 묻어 있는 계량컵의 무게를 측정한다.

3 1과 2의 차이를 계산하여 실제 계량된 식용유의 무게를 확인한다.

4 2와 계량컵 자체 무게의 차이를 계산하여 용기에 남은 식용유의 무게를 확인한다.

실험 결과

식용유가 담긴 용기의 무게

구분	식용유가 담긴 용기의 무게						식용유를 따라낸 후 용기의 무게					
	목측량	1회	2회	3회	평균	표준 무게	목측량	1회	2회	3회	평균	표준 무게
용기												

식용유 1 C의 무게

구분	계량된 식용유 1 C의 무게						용기에 남은 식용유 무게					
	목측량	1회	2회	3회	평균	표준 무게	목측량	1회	2회	3회	평균	표준 무게
식용유												

결과 고찰

실험 4

가열 온도에 따른 물의 변화

물이 가열되는 과정에서 온도가 증가함에 따른 물의 상태를 관찰한다.

BACKGROUND

물의 끓는 온도는 보통 100℃이며 이 온도를 끓는점(비등점)이라 한다. 물이 가열되는 동안 물의 상태와 온도를 살펴보고 끓는 단계에 대한 용어를 아는 것도 필요하다.

KEYWORDS

가열 온도, 물의 상태

실험 방법

1 냄비에 2 C의 물을 넣고 제시된 온도(74~82℃ , 85~99℃ , 100℃ , 100℃에서 5분간 가열)에서의 물의 상태를 관찰한다.

2 각 단계에 대해서 scald, simmer, boil, rolling boil의 용어를 적용해 본다.

실험 결과

가열 중 물의 온도에 따른 상태

온도(℃)	물의 상태	적합 용어[1)]
74~82℃		
85~99℃		
100℃		
100℃에서 5분간 가열		

1) scald, simmer, boil, rolling boil

결과 고찰

연습문제

(   ) teaspoons = 1 tablespoon

(   ) cups = 1 pint

(   ) tablespoons = 1 cup

(   ) pints = 1 quart

(   ) tablespoons = 1 fluid ounce

(   ) quarts = 1 gallon

(   ) fluid ounces = 1 cup

(   ) ounces = 1 pound

(   ) milliliters = 1 teaspoon

(   ) milliliters = 1 tablespoon

(   ) milliliters = 1 fulid ounce

(   ) milliliters = 1 cup

(   ) milliliters = 1 pint

(   ) liters = 1 quart

(   ) liters = 1 gallon

(   ) liters = 1.057 quart

(   ) grams = 1 ounce(dry)

(   ) grams = 1 pound

(   ) kilograms = 2.2 pounds

제2장

당류

짠맛, 신맛, 쓴맛과 함께 기본 미각의 하나인 단맛은 기호도가 높고, 단맛을 내는 당류는 식품의 조리 가공 과정에서 빠질 수 없다. 당류란 당액이나 전분을 가공하여 얻은 설탕, 포도당, 과당, 물엿, 덱스트린, 올리고당 등을 일컫는다. 시판되는 당의 종류는 매우 다양하지만 흔히 설탕을 사용하며, 설탕은 단맛을 내는 것 이외에 캔디류의 주재료로서 또는 조리 시 부재료로서 다양한 기능을 한다.

학습목표

1. 여러 가지 당류의 형태, 단맛의 강도, 색, 향미, 질감, 조리 시 이용 특성에 대해 안다.
2. 설탕을 가열했을 때 가열 온도에 따른 당용액의 특성을 비교한다. 또한 베이킹소다의 첨가에 따른 당용액의 특성 변화를 안다.
3. 설탕에 물을 가한 설탕용액을 가열했을 때 가열 온도에 따른 당용액의 특성을 평가하고 조리 시 이용 특성을 조사한다.
4. 당류의 종류와 재료의 비율을 달리하여 즙청 시럽을 만들고 점도, 당도, 색, 단맛 등의 특성을 비교한다.

실험내용

실험 ① 시판 당류의 종류와 특성

실험 ② 설탕의 가열(무수) 단계별 특성

실험 ③ 설탕용액의 가열 단계별 특성

실험 ④ 여러 가지 당류를 이용한 즙청 시럽의 제조 및 특성

실험 1

시판 당류의 종류와 특성

여러 가지 당류의 형태, 단맛의 정도, 색, 향미, 질감, 조리 시 이용 특성에 대해 알아본다.

BACKGROUND

시판 중인 당류에는 사탕수수 또는 사탕무에서 추출한 당액이나 원당을 정제하여 만든 설탕, 꿀이 있고, 쌀이나 옥수수 등의 곡류 전분을 당화시켜 얻는 물엿이 있으며, 조청, 단풍나무 수액에서 얻는 메이플 시럽 등의 시럽류, 여러 종류의 올리고당 등이 있다. 이들은 종류에 따라 형태나 단맛 정도, 조리 시 이용 특성이 다르다.

KEYWORDS

물엿 옥수수전분에 묽은 산을 가하여 가수분해해서 얻은 맥아당, 포도당의 혼합물

조청 곡류의 전분을 맥아로 당화시킨 후 장시간 가열하여 수분을 증발시키고 농축한 감미료

메이플 시럽 단풍나무에서 얻은 수액을 농축시켜 만든 감미료

이소말토올리고당 이소말토스, 파노스, 이소말토트리오스 등을 주성분으로 하는 올리고당

프럭토올리고당 설탕의 기본 구조에 과당이 1~3개 연결된 올리고당

재료

백설탕, 황설탕, 흑설탕
꿀, 물엿류, 메이플 시럽, 올리고당
인공 감미료류

기구 및 도구

유리컵
작은 스푼

실험 방법

1 시판되는 다양한 종류의 감미료를 준비한다.
2 여러 가지 당류의 제품 형태 및 질감, 색 특성을 비교한다.
3 백설탕, 황설탕, 흑설탕을 같은 농도로 하여 당용액을 만든다.
4 3의 당용액을 한 스푼씩 먹어보고 단맛을 비교한다. 단맛이 강한 것부터 순위를 매긴다.
5 꿀, 쌀엿 등 액체 당류를 맛보고 단맛이 강한 것부터 순위를 매긴다.
6 조리 시 이용 특성 및 대체 이용 시 사용량에 대하여 조사한다.

실험 결과

시판 감미료의 종류 및 특성

종류	제품 형태 및 질감[1)]	색	단맛 정도[2)]	조리 시 이용 특성
백설탕				
황설탕				
흑설탕				
꿀				
쌀엿				
물엿				
올리고당				
메이플 시럽				
인공감미료				

[1)] 액체, 알갱이, 고체, 파우더 등

[2)] 단맛이 강한 것부터 순위를 매김

결과 고찰

실생활에 응용

- 황설탕 1 C 대신에 흑설탕과 백설탕을 각각 1/2 C씩 더하여 사용할 수 있다.
- 설탕 대신 꿀이나 시럽 등 액체 당류를 사용할 때는 재료 중의 액체 사용량을 줄인다.
- 물엿은 설탕이나 꿀에 비해 단맛은 약하다. 이때 약간의 소금을 첨가하면 단맛이 강해진다.

실험 2

설탕의 가열(무수) 단계별 특성

설탕 가열 시 온도에 따른 당용액의 특성을 비교한다. 또한 베이킹소다의 첨가에 따른 당용액의 특성 변화를 알아본다.

BACKGROUND

설탕을 건열로 가열하면 녹아서 액체 상태가 된다. 당을 가열하는 과정에서 130℃ 정도에서는 전화가 일어나며, 150℃에서는 황갈색으로 착색하기 시작하여 170~190℃가 되면 갈색이 된다. 갈색의 독특한 향기를 지닌 액체를 캐러멜이라 하며 착색제로 사용한다. 또한 여기에 베이킹소다를 넣으면 내부에서 기체가 발생하고, 이에 의해서 설탕용액은 부글부글 끓어오른다.

KEYWORDS

융점 당류에 건열을 가했을 때 결합체의 당이 녹아서 액체 상태가 되는 온도

전화 설탕이 산이나 효소의 작용에 의해 포도당과 과당 혼합물로 가수분해되는 과정

캐러멜화 당류를 고온으로 가열한 경우 산화 및 그 분해산물에 의해 일어나는 갈색화 반응

재료

백설탕 200 g
베이킹소다 0.5 g
식용유

기구 및 도구

캔디 온도계 또는 300℃ 온도계
작은 냄비(지름 15 cm)
작은 접시(지름 10 cm)
스푼

실험 방법

1 두꺼운 냄비에 200 g의 설탕을 넣고 가열하여 녹인다. 약한 불에서 가열하며, 가끔 저어주어 가장자리가 타지 않도록 주의한다.

2 완전히 녹았을 때의 온도를 측정한다. 이 중 2큰술을 식용유를 살짝 바른 접시 위에 붓고 용액의 색, 점도, 향미 특성을 평가한다. 점도는 스푼에 떠서 흘러내리는 모양과 상태로 평가한다.

3 남은 설탕용액은 갈색이 될 때까지 계속 가열하여 캐러멜화된 상태의 온도를 잰다. 이 중 2큰술을 식용유를 바른 접시 위에 붓고, 용액의 색, 점도, 향미 특성을 평가한다.

4 남은 설탕용액에 0.5 g의 소다를 가하고 온도를 측정한 후 식용유를 바른 접시에 붓는다. 색, 점도, 향미 특성을 평가한다.

실험 결과

설탕의 가열 단계별 온도 및 특성

가열 단계	온도(℃)	색	점도	향미	용도
완전히 녹은 단계					
캐러멜화된 단계					
소다를 첨가했을 때					

결과 고찰

실생활에 응용

- 가열 초기에 설탕이 녹으면 투명하다가 점차 색이 누렇게 되기 시작하여 옅은 갈색으로 되면 캐러멜향이 생긴다. 이 단계에 이르기까지 아주 짧은 시간 내에 캐러멜화가 일어난다. 계속된 가열로 온도가 더 높아지면 검게 타고 쓴맛이 난다.
- 캐러멜화 단계에서 냉각시키면 유리같이 얇고 단단한 상태가 되어 틀에 넣고 여러 가지 장식용 모양을 만들 수 있다.

실험 3 설탕용액의 가열 단계별 특성

설탕에 물을 첨가한 설탕용액을 가열했을 때 가열 온도에 따른 당용액의 특성을 평가하고 조리 시 이용 특성을 조사한다.

BACKGROUND

설탕용액은 102~180℃까지의 범위에서 일정 온도로 가열하여 온도가 높아지면 용해도가 증가하고, 계속 가열하면 수분이 증발하여 설탕의 농도가 더 높아지므로 설탕용액은 과포화 상태가 된다. 과포화 용액이 되면 설탕은 불안정해지고 용해될 수 있는 양 이상의 용질은 원래의 결정형 구조를 갖게 된다. 이러한 과포화 설탕용액의 결정 형성은 캔디의 제조 등 당의 조리에서 중요한 성질로 가열 온도, 첨가물, 냉각 속도, 젓는 동작 등의 여러 가지 요인에 의해 영향을 받는다. 가열 온도가 높을수록 더 단단한 캔디가 만들어진다.

KEYWORDS

thread 저으면 실을 형성하는 단계

soft ball 냉수 검사 시 가라앉아 한데 모이는 단계

firm ball 냉수 검사 시 아래로 한데 모여 부드러운 볼을 형성하는 단계

hard ball 냉수 검사 시 한데 모여 단단한 볼을 형성하는 단계

soft crack 냉수 검사 시 가느다란 실을 형성하는 단계

hard crack 냉수 검사 시 즉시 단단한 가는 실을 형성하는 단계

재료

백설탕 300 g
물 200 mL

기구 및 도구

캔디 온도계 또는 300℃ 온도계
작은 냄비(지름 15 cm)
스푼
냉수

실험 방법

1 바닥이 두꺼운 냄비에 설탕과 물을 넣고 가열하여 녹인다. 설탕이 완전히 용해된 후에는 젓지 않는다. 옆에 냉수와 작은 접시를 준비해 놓는다.

2 설탕용액을 가열하여 제시된 온도에 도달하면 냉수 검사를 하고 2큰술을 접시에 부은 다음 맛과 색을 평가한다. 냉수 검사는 설탕용액을 스푼으로 떠서 수면의 5 cm 정도 위에서 떨어뜨려 흘러내리는 상태를 관찰하여 평가한다. 온도 측정 후 온도계에 묻은 것을 잘 닦아낸다.

3 제시된 온도까지 계속 가열하면서 단계별 용액의 상태를 평가한다.

4 가열 단계별 설탕용액의 용도를 조사한다.

실험 결과

설탕용액의 가열 단계별 특성

가열 단계		온도(℃)	용액의 상태(맛, 색 등)	용도
thread		212~220		
		220~225		
		230~235		
soft ball		235~240		
firm ball		245~250		
hard ball		250~265		

가열 단계		온도(℃)	용액의 상태(맛, 색 등)	용도
soft crack		270~290		
hard crack		300~310		
		320~325		
caramel		330~360		

결과 고찰

실생활에 응용

- 캔디를 만들 때는 온도와 습도가 중요하다. 기온과 습도가 높으면 일정 온도까지 가열하는 데 시간이 오래 걸리기 때문이다.
- 설탕을 녹일 때에는 냄비의 가운데에 설탕을 넣은 다음 냄비 가장자리에 묻은 설탕을 녹여 내리는 형식으로 물을 가한다. 'X' 자를 쓰듯이 저어 설탕을 완전히 녹인다. 설탕이 완전히 녹아 끓기 시작한 다음에는 젓지 않도록 한다. 저어주면 결정을 형성하여 거친 질감을 갖게 된다.
- 설탕용액을 가열할 때 냄비 가장자리에 튀는 것은 닦아가면서 가열한다.

실험 4

여러 가지 당류를 이용한 즙청 시럽의 제조 및 특성

당류의 종류와 재료의 비율을 달리하여 즙청 시럽을 만들고 단맛, 색, 향미, 점도, 당도 등의 특성을 비교한다.

BACKGROUND

약과 등의 전통 한과 제조 시 즙청액에 담그는 과정이 필수이다. 즙청액은 조청이나 꿀과 같은 액상 당류를 이용하기도 하지만 주로 설탕용액을 일정 농도로 가열한 시럽을 사용한다. 즙청 시럽의 가열 온도는 103~105℃ 범위로 하며, 설탕 이외에 올리고당류를 사용하여 시럽을 만들 수도 있다

KEYWORDS

즙청 한과를 만들 때 한과 바탕에 꿀, 엿 또는 조청을 바르는 과정

 **재료**

백설탕 200 g
꿀 90 g
이소말토올리고당 50 g
프럭토올리고당 50 g
물 300 mL

기구 및 도구

캔디 온도계 또는 300℃ 온도계
작은 냄비(지름 15 cm) 3개
작은 접시 3개
스푼
당도계

실험 방법

1 작은 냄비에 다음에 제시된 비율대로 재료를 각각 준비하고 가열하여 설탕을 녹인다. 완전히 용해된 후에는 젓지 않도록 한다.

재료(g)	즙청 시럽 A	즙청 시럽 B	즙청 시럽 C
설탕	100	50	50
물	100	100	100
꿀	30	30	30
이소말토올리고당	0	50	0
프럭토올리고당	0	0	50

2 105℃에 달하면 불에서 내리고 단맛과 색, 향미, 점도를 평가한다.

3 당도계로 당도를 측정한다.

실험 결과

즙청 시럽의 특성

즙청 시럽 종류	단맛	색	향미	점도	당도(Brix %)
즙청 시럽 A					
즙청 시럽 B					
즙청 시럽 C					

결과 고찰

실생활에 응용

- 올리고당은 설탕에 비해 캐러멜화 반응을 일으키기 쉽기 때문에 즙청의 색이 진하고 윤기가 난다.
- 올리고당을 이용한 즙청은 단맛이 약하지만 캐러멜화에 의한 특유의 향기를 지니며 보수성이 좋다.

제3장

전분

전분(starch)은 식물의 종자와 뿌리에 들어 있는 저장 탄수화물로 쌀, 옥수수, 밀 등의 곡류와 감자, 고구마 등의 주요 성분이다. 전분은 식물체의 광합성 작용에 의해 만들어진 포도당이 수백, 수천 개가 중합되어 형성된 다당류로서 입자 형태로 세포 내의 색소체인 백색체(leucoplast)에 존재한다. 전분은 식품의 조리 가공 시에 농후제(thickening agent), 안정제, 젤 형성제 등으로 이용되며 여러 종류의 전분당, 술 등 전분 가공식품을 제조하는 원료로서 중요한 역할을 한다.

학습목표

1. 전분성 식품에서 전분을 분리하고 전분의 종류에 따른 입자 특징을 비교한다.
2. 각종 전분의 농후력과 젤 형성력의 차이를 비교한다.
3. 푸딩 제조 시 첨가되는 부재료에 따른 겉보기점도를 비교한다.
4. 도토리묵가루의 농도에 따른 묵의 질감 차이를 알고 적절한 묵 질감의 최적 농도를 안다.

실험내용

실험 ① 전분의 분리 및 입자의 성상

실험 ② 각종 전분의 호화 특성과 젤 형성력

실험 ③ 전분젤(푸딩) 굳기에 영향을 주는 요인

실험 ④ 묵 제조 시 전분 농도에 따른 특성 비교

실험 1

전분의 분리 및 입자의 성상

전분성 식품에서 전분을 분리하고 전분의 종류에 따른 입자 특징을 비교한다.

BACKGROUND

전분은 식물체 내에서 대개의 경우 입자의 형태로 존재한다. 전분 입자의 모양은 원형, 타원형, 다각형 등 식물의 종류에 따라 다양하다. 크기 또한 2~150 μm 정도로 전분의 종류마다 차이를 보이며 이러한 형태는 현미경을 통해 구별할 수 있다. 곡류 전분 중 쌀전분의 경우 2~10 μm로 크기가 비교적 작고 균일한 편이나 감자전분 입자는 15~100 μm로 크기가 불균일하다.

전분 입자는 아밀로스(amylose)와 아밀로펙틴(amylopectin)이 상호 간에 혹은 물 분자를 통해서 수소 결합에 의해 강하게 결합되어 섬유상의 집합체인 미셀(micelle)을 형성하고 있다. 이 미셀들이 모여 전분층을 형성하고 또 전분층이 층층이 겹쳐서 전분 입자를 이루게 된다.

KEYWORDS

아밀로스 수백에서 수천의 포도당이 α-1,4 결합으로 연결된 구조

아밀로펙틴 아밀로스와 같은 직쇄상의 기본 구조에 포도당 15~30개마다 α-1,6 결합이 형성되어 가지가 달린 구조

재료

감자 100 g
멥쌀 및 찹쌀가루 각각 100 g
타갠 녹두 100 g

기구 및 도구

블렌더
면보 또는 체(60 mesh)
광학현미경
요오드용액(KI 2 g과 I_2 0.2 g을 물 100 mL에 녹인 것) 적당량, 키친타월

실험 방법

1 감자는 적당한 크기로 썰어 물 200 mL를 넣고 블렌더로 간다.

2 멥쌀 및 찹쌀가루도 각각 물 200 mL를 넣어 블렌더로 간다.

3 타갠 녹두는 4시간 정도 불려 껍질을 제거하고 물 200 mL를 넣어 블렌더로 간다.

4 각각의 분산액을 방치하여 전분을 가라앉힌다.

5 윗물을 버리고 다시 물을 넣고 저어서 가라앉히기를 세 번 반복한다.

6 마지막으로 물을 따라 버리고 침전된 전분을 창호지나 키친타월에 넓게 펴서 건조시킨다.

7 분리된 전분에 요오드용액을 한 방울 떨어뜨려 정색반응을 관찰한다. 또한 광학현미경으로 400배율로 확대하여 입자 성상을 비교 관찰한다.

실험 결과

전분의 종류에 따른 입자 특성

전분 종류	입자 모양	입자 크기[1]	정색반응
감자			
멥쌀			
찹쌀			
녹두			

[1] 상대적 비교

결과 고찰

실생활에 응용

멥쌀가루와 찹쌀가루를 어떻게 구분할 수 있을까? 멥쌀은 직쇄상으로 연결된 포도당이 나선형 구조로 존재하는 아밀로스를 함유하고 있기 때문에 아밀로스 구조 내부 공간에 요오드 같은 화합물이 들어가면 청색의 정색반응을 나타낸다. 아밀로스를 함유하지 않은 찹쌀의 경우는 분지상 구조로 요오드와 복합체를 형성할 수 있는 나선형 구조의 길이가 짧으므로 요오드와 반응시 적자색을 나타낸다. 그러므로 쌀가루에 요오드용액을 한 방울 떨어뜨려서 찹쌀 혹은 멥쌀을 확인할 수 있다.

실험 2

각종 전분의 호화 특성과 젤 형성력

각종 전분의 농후력과 젤 형성력의 차이를 비교한다.

BACKGROUND

생전분에 물을 넣고 가열하면 전분 입자가 물을 흡수하여 팽윤되고 결정성 영역이 붕괴되면서 점도와 투명도가 증가하고 반투명의 콜로이드 상태가 된다. 이러한 전분의 변화를 호화라고 하며 전분의 종류에 따라 호화 온도, 점도 등이 크게 다르다. 전분 입자를 물에 분산시키면 구조의 변화 없이 일정량의 물을 흡수하여 팽윤하고 이것을 건조시키면 원래 상태로 되돌아갈 수 있다. 그러나 60~65°C 이상으로 온도를 높이면 입자의 구조가 원래 상태로 되돌아가지 못할 정도로 크게 팽윤하게 된다. 70~75°C가 되면 전분 입자의 형태가 없어지고 점점 걸쭉해지다가 85~95°C 정도에서 최고의 점도를 나타낸다. 그러므로 잘 호화된 전분용액은 풀(paste)과 같은 상태로 유동성과 점성이 있다. 이를 식혀서 방치하면 유동성이 없는 젤 상태로 변하게 된다. 전분 젤은 주로 아밀로스에 의해 형성되므로 아밀로펙틴만을 함유하고 있는 찰전분의 경우 젤이 잘 형성되지 않는다. 또한 전분의 종류마다 젤 상태 즉, 강도나 투명도, 탄력성 등이 다르다.

KEYWORDS

콜로이드(colloid) 분산계에서 분산질의 입자 크기가 진용액보다 크고 부유 상태보다는 작아 용해되거나 침전되지 않고 잘 분산되어 있는 상태

호화 개시 온도 뿌옇던 전분용액이 투명해지기 시작하는 온도

호화 완료 온도 전분용액을 가열하여 최대로 걸쭉해지는 온도

재료

옥수수전분 15 g
감자전분 15 g
쌀전분 15 g
찹쌀전분 15 g

기구 및 도구

냄비(지름 15 cm) 4개
온도계(100℃)
모눈종이
작은 컵 4개

실험 방법

1. 각각의 전분 15 g에 물 200 mL를 가해 잘 분산시킨다.
2. 혼합물이 투명해지고 걸쭉해지기 시작하는 온도(호화 개시)와 최대로 걸쭉해진 상태가 되었을 때의 온도(최대 점도)를 측정한다.
3. 50°C로 냉각시켜 모눈종이를 이용하여 겉보기점도를 측정한다.
4. 남은 액을 적당한 크기의 그릇에 담아 실온에서 방치하고 %sag을 측정하여 젤의 강도를 비교한다.

실험 결과

전분의 종류에 따른 호화 특성과 젤의 굳기

전분의 종류	온도(℃)		투명도[1]	겉보기점도[2]	젤의 강도 (%sag)
	호화 개시	최대 점도			
옥수수전분					
감자전분					
쌀전분					
찹쌀전분					

[1] 순위 평가
[2] 부록의 겉보기점도 참조

결과 고찰

실생활에 응용

유전자 조작을 통해 하이아밀로스(high-amylose) 전분이 생산되고 있는데, 예를 들어 아밀로메이즈(amylomaize)라고 불리는 하이아밀로스콘(high-amylose corn)의 전분은 아밀로스 함량이 70% 가까이 된다. 하이아밀로스 전분은 필름을 형성한다든지 다른 성분과 결합하는 독특한 성질이 있다. 국내에서는 제면용으로 이용하기 위해 아밀로스 함량이 높은 벼 품종(고아미벼)이 육성되기도 하였다.

실험 3

전분젤(푸딩) 굳기에 영향을 주는 요인

푸딩 제조 시 첨가되는 부재료에 따른 겉보기점도를 비교한다.

BACKGROUND

잘 호화된 전분용액은 풀(paste)과 같은 상태로 유동성과 점성이 있으므로 식품 조리 시 농후제로 이용된다. 또한 호화된 전분액을 식혀서 방치하면 유동성이 없는 젤 상태로 변하므로 묵이나 푸딩과 같은 음식을 만들 수 있다.

전분의 호화 시에 설탕, 산, 지방 등의 첨가는 점도에 변화를 주고 젤의 강도에도 영향을 미친다.

KEYWORDS

푸딩 우유나 과즙에 전분을 넣어 농후하게 만든 후식

재료

기본 재료

옥수수전분 75 g, 설탕 130 g

우유 800 mL, 바닐라향 10 g

변형 재료

초콜릿 15 g, 오렌지주스 200 mL

버터 15 g

기구 및 도구

냄비(지름 15 cm) 5개

저울

온도계(100℃)

실험 방법

1 옥수수전분 15 g과 설탕 50 g을 잘 섞고 여기에 50 mL의 우유를 넣는다.

2 나머지 우유 150 mL를 중탕한 다음 1의 혼합물에 서서히 넣으면서 저어준다.

3 끓으면 약한 불에서 2분간 가열한다.

4 바닐라향 2 g을 넣고 뚜껑을 덮은 후 85℃ 정도의 물에서 5분간 방치한다.

5 50℃로 식힌 다음 겉보기점도를 측정한다.

재료의 변형

방법 A 기본 재료를 사용한다.

방법 B 기본 재료에서 우유 대신 오렌지주스 200 mL를 넣는다.

방법 C 기본 재료에서 설탕을 넣지 않는다.

방법 D 중탕한 우유에 기본 재료의 설탕 50 g 대신 15 g의 설탕과 15 g의 초콜릿을 녹여 가한다.

방법 E 기본 재료의 설탕 50 g 대신 15 g의 설탕과 15 g의 버터를 가한다.

실험 결과

첨가 재료의 변형에 따른 겉보기점도

재료의 변형	겉보기점도[1]
방법 A	
방법 B	
방법 C	
방법 D	
방법 E	

[1] 부록의 겉보기점도 참조

결과 고찰

실생활에 응용

푸딩을 찜통에 찔 때에는 찜통 위에 행주를 덮고 뚜껑을 덮으면 수증기가 떨어지는 것을 방지할 수가 있으며, 꼬챙이로 찔러보아 묻어나지 않을 때까지 조리한다.

실험 4

묵 제조 시 전분 농도에 따른 특성 비교

도토리묵가루의 농도에 따른 묵의 질감 차이를 알고 적절한 묵 질감의 최적 농도를 알아본다.

BACKGROUND

전통식품인 묵은 전분의 젤 형성 능력을 이용한 것으로 8~10%의 특정 전분의 현탁액을 호화시킨 졸(sol) 상태를 식혀 젤(gel) 상태로 만든 음식이다. 모든 전분은 가열하면 호화되고 식히면 굳어지나 묵 특유의 텍스처, 즉 탄력성이 뛰어나 형태를 잘 유지하는 전분은 녹두, 메밀, 도토리와 동부 전분으로 한정되어 있다. 전분의 종류에 따라 전분 입자의 형태와 크기가 다르기 때문에 호화와 형성된 젤의 특성은 다르기 마련이다. 입자를 구성하는 아밀로스와 아밀로펙틴의 함량이 다른 것도 호화된 전분용액이 서로 다른 특성을 보이는 한 원인이 될 수 있다. 또한 아밀로스 함량이 비슷하여도 분자 길이의 차이에 의해 망상 구조의 젤 형성에 영향을 줄 수 있다. 아밀로스 분자의 길이가 중간 정도일 때 입체적 망상 구조를 형성하기에 좋다고 한다.

KEYWORDS

졸(sol) 고체의 교질 입자가 용액에 분산되어 흐를 수 있는 상태

예 두유, 우유, 전분 풀 등

젤(gel) 졸이 분산매의 농도, 온도, pH 또는 전해질 등의 변화에 의해 굳어진 상태

예 두부, 묵 등

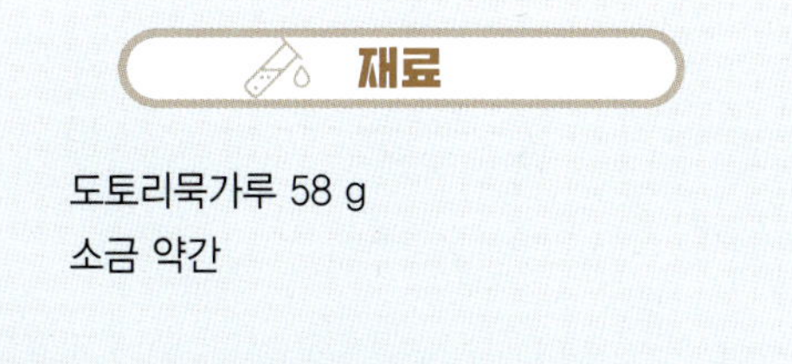

도토리묵가루 58 g
소금 약간

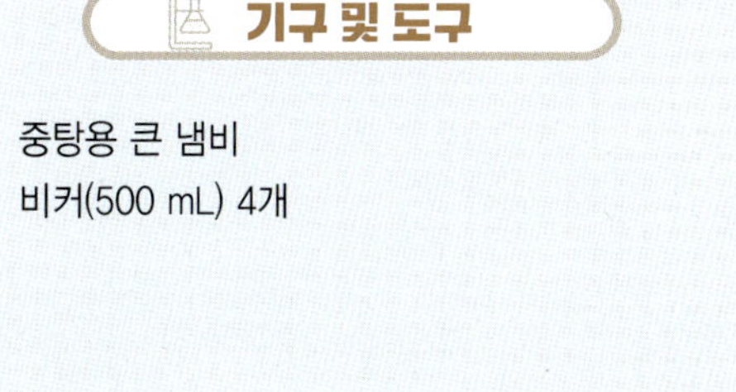

중탕용 큰 냄비
비커(500 mL) 4개

실험 방법

1 4, 6, 8, 10% 농도의 도토리묵가루 현탁액 200 mL를 비커에 넣고 각각 고루 분산시킨다.

2 소금을 넣고 95℃에서 중탕으로 계속 저어주면서 가열한다.

3 전분 현탁액이 호화되어 투명해질 때까지 약 10분간 가열한다.

4 기름을 바른 적정 용기에 담아 실온에서 냉각시킨다.

5 묵의 %sag을 재고, 관능검사를 실시하여 질감 및 수응도를 평가한다.

실험 결과

묵가루 농도에 따른 도토리묵의 견고도, 질감 및 수응도 비교

묵가루 농도	견고도(%sag)	질감	수응도[1]
4%			
6%			
8%			
10%			

[1] 수응도가 높은 것부터 순위 평가

결과 고찰

실생활에 응용

녹두전분으로 만든 묵을 청포묵이라고 하는데, 황포묵은 청포묵을 쑬 때 치자 우린 물을 넣어 노랗게 물을 들인 것이다. 황포묵은 전주비빔밥에 들어가는 필수 재료이기도 하다. 다른 묵 요리처럼 황포묵도 파, 마늘 등으로 양념을 한 간장을 흩뿌려서 내놓는데 이런 경우에는 도토리묵무침처럼 황포묵무침이라고 부른다.

곡류

전 세계 여러 지역에서 중요한 식량으로 이용되고 있는 곡류는 각 지역의 기후 조건이나 토양의 특성에 따라 다양한 종류가 생산된다.
여러 곡류 중 쌀을 미곡, 밀, 보리, 귀리, 호밀 등을 맥류, 그리고 옥수수, 수수, 메밀, 조 등을 잡곡으로 구분하고 있으며 이 중 쌀과 밀 그리고 옥수수는 세계 3대 식량작물이라 할 수 있다. 곡류는 주성분이 전분으로 열량의 좋은 급원이다. 또한 수분이 적고 단단한 껍질이 있어 저장성이 우수하고 수송이 편리할 뿐만 아니라 다른 식재료에 비해 단위 면적당 생산량이 많은 경제작물이다. 많은 양의 곡류가 가축의 사료로도 이용되어 동물성 식품의 생산에도 중요한 역할을 하고 있다.

학습목표

1. 메곡류와 찰곡류의 수분흡수율을 비교하고 각각의 조리에 적절한 수침 시간과 물의 첨가량이 다름을 안다.
2. 식혜 제조 시 엿기름 추출액의 전분 당화를 위한 최적온도를 안다.
3. 삶는 방법에 따라 국수의 질감이 어떻게 달라지는지를 안다.
4. 취반 시 쌀의 무게와 부피 변화를 알고 불리기의 필요성과 적절한 밥물의 양을 파악한다.

실험내용

실험 ① 메곡류와 찰곡류의 수분흡수율 비교

실험 ② 식혜 제조의 최적온도

실험 ③ 삶는 방법에 따른 국수의 질감 비교

실험 ④ 취반 시 적정 가수량

실험 1

메곡류와 찰곡류의 수분흡수율 비교

메곡류와 찰곡류의 수분흡수율을 비교하고 각각의 조리에 적절한 수침 시간과 물의 첨가량이 다름을 안다.

BACKGROUND

곡류의 주성분은 전분이며, 전분 분자는 구조와 성질이 서로 다른 두 물질, 즉 아밀로스와 아밀로펙틴으로 구성되어 있다. 전분 입자 내에서 이 두 물질의 비율은 전분의 출처에 따라 다르지만 대체로 아밀로스와 아밀로펙틴이 2:8의 비율이다. 그러나 차진 성질(waxy)을 가진 찰곡류의 전분은 대부분 아밀로펙틴으로 되어 있어 아밀로스가 거의 없거나 1~4% 정도로 아주 적게 함유되어 있다. 아밀로스는 풀같이 엉기는 성질을 나타내고, 아밀로펙틴은 끈기를 나타내며 수분흡수율은 아밀로펙틴이 대부분인 찰곡류가 메곡류보다 훨씬 높다. 따라서 아밀로스와 아밀로펙틴의 함유 비율에 따라 곡류의 조리, 가공 특성이 달라진다.

KEYWORDS

찰곡류 찹쌀, 찰보리, 찰옥수수, 차조, 찰수수, 율무, 찰기장 등 찰기가 있는 곡식

재료

멥쌀 160 g
찹쌀 160 g
메보리 160 g
찰보리 160 g

기구 및 도구

비커(100 mL) 32개, 메스실린더(100 mL)
온도계(100℃), 저울, 타이머
키친타월

실험 방법

1 준비된 곡류를 정확하게 20 g씩 무게를 재어 비커에 담는다.

2 각각의 비커에 물을 50 mL씩 넣고 물의 온도를 측정한다.

3 60분까지는 10분마다 그 이후에는 20분마다 각각의 곡류를 체에 받쳐 물을 빼낸다.

4 키친타월로 살살 누르면서 남은 물기를 제거한 후 무게를 재서 수침 후의 흡수율을 계산한다.

$$\text{흡수율(\%)} = \frac{\text{수침 후 무게} - \text{수침 전 무게}}{\text{수침 전 무게}} \times 100$$

5 수침 시간에 따른 흡수량과 흡수율을 다음의 실험 결과 표에 기록하고 그래프로 그려 적정 수침 시간과 찰곡류와 메곡류의 흡수율 차이를 비교 고찰한다.

실험 결과

수침 시간에 따른 메곡류와 찰곡류의 흡수율(온도:)

경과 시간	흡수 정도	멥쌀	찹쌀	메보리	찰보리
10분	수침 후 무게(g)				
	흡수율(%)				
20분	수침 후 무게(g)				
	흡수율(%)				
30분	수침 후 무게(g)				
	흡수율(%)				
40분	수침 후 무게(g)				
	흡수율(%)				
50분	수침 후 무게(g)				
	흡수율(%)				

경과 시간	흡수 정도	멥쌀	찹쌀	메보리	찰보리
60분	수침 후 무게(g)				
	흡수율(%)				
80분	수침 후 무게(g)				
	흡수율(%)				
100분	수침 후 무게(g)				
	흡수율(%)				

결과 고찰

실생활에 응용

찹쌀로 밥을 지을 때 물의 양을 보통 밥을 지을 때처럼 똑같이 넣는다면 어떻게 될까? 아주 질척한 밥이 되어 먹기 어려울 것이다. 찹쌀의 수분흡수율은 멥쌀보다 10% 이상 높기 때문에 멥쌀로 밥을 지을 때보다 가수량이 적어야 한다. 가수량이 적으면 솥의 밑부분이 쉽게 탈 수 있으므로 찹쌀의 조리는 보통 수증기로 쪄서 익힌다.

실험 2 식혜 제조의 최적온도

식혜 제조 시 엿기름 추출액의 전분 당화를 위한 최적온도를 안다.

BACKGROUND

식혜는 엿기름에서 아밀레이스를 우려내 밥의 전분을 부분적으로 당화시켜 만든 전통음료이다. 엿기름은 겉보리로 싹을 틔운 것으로 α-아밀레이스와 β-아밀레이스를 많이 가지고 있다. 겉보리를 온수에 2~3일 정도 담갔다가 건져 따뜻한 곳에 묻어두어 싹이 트면 α-아밀레이스 함량이 많아진다. 이 효소의 최적 활성 조건은 pH 4.7~6.9, 50~70℃이며 75℃에서 10분간 가열하면 완전히 불활성화된다. 엿기름의 효소량은 싹의 길이가 겉보리 알맹이 길이의 1~1.5배일 때 가장 높아지므로 바로 건조시켜 가루로 만들어 둔다. 밥에 있던 전분이 효소의 작용을 받아 당화되어 빠져나오기 때문에 밥알은 가벼워져 식혜물에 뜨게 된다.

KEYWORDS

α-아밀레이스 전분을 구성하는 포도당의 α-1,4 결합을 무작위로 분해하는 액화효소

β-아밀레이스 포도당의 α-1,4 결합을 비환원성 말단에서부터 맥아당 단위로 가수분해하여 단맛을 증가시키는 당화효소

재료

엿기름가루 60 g
쌀 150 g

기구 및 도구

온도계(100℃), 비커(2 L, 500 mL) 각각 1개
당도계, 저울, 타이머
항온수조 3개

실험 방법

1 엿기름 60 g에 물 500 mL를 가하여 상온에서 5분 간격으로 저어주면서 1시간 동안 효소를 추출한 다음 면보에서 거른다.

2 밥을 되게 짓는다.

3 뜨거운 밥을 2 L 비커에 넣고 여기에 면보에 거른 엿기름 추출액을 넣고 나머지는 물을 부어 1 L로 맞춘다.

4 위 액을 셋으로 나누어 각각 30℃, 60℃, 90℃ 수조에 넣어 30분에 한 번씩 저어주면서 2~3시간 동안 당화시킨다.

5 밥알이 뜨기 시작하는 시간을 재고, 밥알의 삭은 정도를 확인한다.

6 당도계로 당도를 측정하고 맛을 본다.

실험 결과

식혜 제조 시 엿기름 추출액 반응의 최적온도

반응 온도	밥알의 상태	당도	맛[1]
30℃			
60℃			
90℃			

[1] 5점 척도 평가(5: 매우 좋다 ~ 1: 매우 좋지 않다)

결과 고찰

실생활에 응용

식혜를 여과포로 짜서 졸이면 물엿이 되고 조금 더 졸이면 조청, 더 졸이면 갱엿이 되며 갱엿을 치대면 흰엿이 된다.

실험 3

삶는 방법에 따른 국수의 질감 비교

삶는 방법에 따라 국수의 질감이 어떻게 달라지는지를 알아본다.

BACKGROUND

파스타 면은 일반적인 강력분보다 단백질함량이 더 많은 듀럼밀에서 얻는 세몰리나로 만든다. 단백질함량이 많으므로 점성과 탄성이 강한 면을 얻을 수 있어 15분에서 20분 정도로 오래 삶아야 한다.

우리나라 국수는 보통 중력분이나 강력분으로 만드는데 익었을 때 끊어지지 않으면서 탄력이 있고 표면이 매끄러운 것이 좋다. 국수를 삶을 때는 국수 무게 6~7배의 넉넉한 물에 삶아야 한다. 물의 양이 적으면 국수를 넣는 순간 온도가 저하되어 단시간에 호화되는 것을 방해하며 국수가 서로 붙어버리게 된다.

KEYWORDS

파스타 이탈리아식 국수요리의 총칭

세몰리나 듀럼밀을 보통 밀가루보다 입자가 큰 가루상태로 제분한 것

재료

마카로니 120 g, 스파게티 120 g
건국수 120 g
소금 약간

기구 및 도구

냄비(지름 22 cm) 2개 이상

실험 방법

준비한 여러 가지 국수류에 각각 소금물 800 mL(물 800 mL+소금 3 g)를 가하고 다음 2가지 방법으로 조리한다. 삶은 후의 무게를 측정하고 조리 시간, 질감을 평가한다. 알맞게 익은 국수는 눌러 씹을 때 약간의 저항력이 있어 쫄깃해야 한다.

조리 방법 A

1 소금물을 끓여 국수를 넣는다.
2 뚜껑을 열고 계속 가열한다.
3 6~15분 정도 끓여 완전히 익었는지를 확인하고, 부드러워지면 즉시 물을 따라 버리고 찬물로 헹군다.
4 물기를 제거하고 무게를 잰다.

조리 방법 B

1 소금물을 끓여 국수를 넣는다.
2 끓으면 가끔 저으면서 2분간 가열한다.
3 불에서 내리고 뚜껑을 덮은 채로 10분간 방치한다.
4 찬물로 헹구어 물기를 제거하고 무게를 잰다.

실험 결과

조리 방법이 국수의 조리 시간과 질감에 미치는 영향

국수 종류	조리 방법	무게(g)	삶은 후 무게	조리 시간(분)	질감[1]
마카로니	방법 A	60			
	방법 B	60			
스파게티	방법 A	60			
	방법 B	60			

국수 종류	조리 방법	무게(g)	삶은 후 무게	조리 시간(분)	질감[1)]
건국수	방법 A	60			
	방법 B	60			

1) 5점 척도 평가(5: 매우 좋다 ~ 1: 매우 좋지 않다)

결과 고찰

실생활에 응용

밀의 품종은 아주 다양한데 그중 듀럼밀은 지중해 연안 등에서 널리 재배되는 초경질밀로 단백질함량이 25% 정도로 높고 단단하다. 보통 밀가루보다 입자가 큰 가루 상태로 제분한 세몰리나로 마카로니나 스파게티 등 파스타 제조에 이용된다.

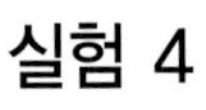

실험 4

취반 시 적정 가수량

취반 시 쌀의 무게와 부피 변화를 알고 불리기의 필요성과 적절한 밥물의 양을 파악한다.

BACKGROUND

쌀을 물에 담가두면 전분 입자 내의 비결정성 영역에 물이 결합하여 쌀 전분이 다소 팽윤한다. 담가두는 동안 최대 25~30%까지 수분을 흡수한다. 온도가 높으면 흡수 시간이 빠르고 온도가 낮으면 더디게 흡수된다.

쌀 입자 속의 전분이 완전 호화하려면 충분한 물이 필요하다. 보통 잘된 밥의 수분함량은 61~65% 정도이고 무게로 환산하면 쌀 무게의 2.2~2.4배가 증가한 것으로 120~140%의 물을 흡수한 것이 된다. 취반 시 가열 과정 중 약 10~15%의 물이 증발되므로 이를 고려하여 쌀 무게의 1.4~1.5배의 물을 가한다. 쌀의 부피로는 1.2배 정도로 하며 햅쌀인 경우 쌀 부피의 1.0배로 한다. 이와 같이 계산된 물의 양은 5~6인의 밥을 지을 경우이다.

KEYWORDS

전분의 호화 생전분에 물을 넣고 가열하면 전분 입자가 물을 흡수하여 팽윤하면서 점도와 투명도가 증가하여 반투명의 콜로이드 상태가 되는 현상

재료

쌀 6컵

기구 및 도구

온도계
작은 냄비 또는 전기밥솥(동일한 것) 4개
저울, 타이머

실험 방법

1 쌀 4 ½C을 계량하여 무게를 기록하고 씻은 후 물에 담가 30분 동안 불린다.
2 불린 쌀을 체에 받쳐 물기를 뺀 다음 계량컵으로 부피를 재고, 무게를 측정하여 기록한 후 3등분으로 나눈다.
3 냄비의 무게를 재고 불린 쌀을 각각 담아 다음의 처리 방법대로 조건을 달리하여 준비한다.
4 쌀과 물이 담긴 냄비의 무게를 재어 기록한다.
5 처음 끓을 때까지는 강한 화력으로 가열하고 그 후 중간 불에서 5분간 더 끓인다.
6 10분간 약한 불에서 뜸을 들인 후 불을 끄고 5분간 방치한 후 무게와 부피를 잰다.
7 밥이 다 되면 냄비의 총 무게를 재어 밥의 무게를 계산하고 부피는 계량컵으로 측정한 후 쌀에 대한 밥의 무게비와 부피비를 계산하여 기록한다.
8 조리된 4종의 밥에 대해 실험 결과 표에서 제시한 항목을 관능검사한다.

처리 방법

방법 A 불린 쌀 + 불린 쌀 부피의 1배의 물
방법 B 불린 쌀 + 불린 쌀 부피의 1.2배의 물
방법 C 불린 쌀 + 불린 쌀 부피의 1.5배의 물
방법 D 안 불린 쌀 + 마른 쌀 부피의 1.2배의 물

실험 결과

취반 시 쌀의 무게, 부피 변화

처리 방법	시료	마른 쌀(a)	불린 쌀(b)	흡수율 $\frac{b-a}{a}\times100$	밥의 양(c)	밥의 증가율 $\frac{c-a}{a}\times100$	증발량[1]
방법 A	무게(g)						
	부피(C)						

처리 방법	시료	마른 쌀(a)	불린 쌀(b)	흡수율 $\frac{b-a}{a}\times100$	밥의 양(c)	밥의 증가율 $\frac{c-a}{a}\times100$	증발량[1]
방법 B	무게(g)						
	부피(C)						
방법 C	무게(g)						
	부피(C)						
방법 D	무게(g)						
	부피(C)						

[1] 밥 짓기 전 쌀, 물, 냄비의 총 무게－밥 지은 후 밥, 냄비의 총 무게

취반 시 밥물의 양에 따른 밥의 관능검사[1]

시료 \ 특성	윤기	뭉침성	쫀득함	질음	전체적인 기호도
방법 A					
방법 B					
방법 C					
방법 D					

[1] 5점 척도 평가(5: 매우 좋다 ~ 1: 매우 좋지 않다)

결과 고찰

실생활에 응용

쌀은 수분함량이 낮고 조직이 단단하므로 내부까지 물과 열이 잘 침투하게 하려면 물에 불린 후 밥을 지어야 한다. 그러면 열전도율도 좋고 전분을 완전히 호화시킬 수 있다. 쌀이 물을 흡수하는 속도는 온도의 영향을 받는데 수침 시간은 여름에는 30분, 겨울에는 90분 정도면 충분하므로 그 이상 담가둘 필요는 없다.

제5장

서류

서류는 땅속줄기나 뿌리의 일부가 전분과 다당류의 저장으로 된 것을 말하며, 감자, 고구마, 카사바, 돼지감자, 토란, 마 등이 있다. 서류는 수분함량이 70~80%로 곡류에 비해 저장성이 낮고, 전분함량이 많아 주식이나 주식 대용으로 사용된다. 그중에서 감자는 우리 음식에서 주식과 부식 범용으로 다양하게 이용할 수 있어 활용도가 매우 높다. 감자는 일반적으로 점질감자 혹은 분질감자로 분류된다.

서류의 조리법은 크게 건열조리법(볶음, 전, 튀김 등)과 습열조리법(조림, 찜 등)으로 나뉜다.

학 습 목 표

1. 감자를 잘 씻어 껍질을 벗기지 않은 채로 예열한 오븐에 넣어 베이킹 온도, 베이킹 시간, 베이킹 팬의 종류 등에 따라 조리한 후 구운 감자의 껍질의 바삭함, 질김을 관찰하고 감자 속의 부드러움, 수분감 및 포슬포슬함 등의 품질을 비교한다.

2. 감자를 씻어 껍질을 까서 감자의 크기별로 감자를 삶아 으깨는 조건, 으깨는 시간 등에 따른 감자의 품질 특성을 비교한다.

실 험 내 용

실험 ① 감자의 오븐굽기(oven baking) 조건을 달리한 구운 감자의 품질 비교

실험 ② 조리 방법에 따른 매시드포테이토(mashed potao)의 품질 비교

실험 1

감자의 오븐굽기(oven baking) 조건을 달리한 구운 감자의 품질 비교

오븐 베이킹 온도와 시간, 지방의 코팅 등에 따른 구운 감자의 품질 특성을 비교한다.

BACKGROUND

감자를 예열한 오븐에서 구울 때 굽는 온도와 시간에 따라 표면에서 증발하는 수분의 증발속도와 증발량이 달라진다. 증발속도가 너무 빠른 경우에는 표면은 쉽게 익지만 감자의 내부는 익지 않을 수 있다. 굽는 시간이 길어질 경우 표면에서의 수분 증발량이 많아져서 촉촉하고 부드러운 질감을 얻을 수 없다. 감자의 표면에 버터나 오일을 바르면 수분 증발이 억제되고 껍질의 바삭함은 증가하는 등의 효과를 얻을 수 있으며 풍미가 향상될 수 있다.

KEYWORDS

수분 증발(moisture evaporation) 조리 과정에서 음식의 수분이 증발하여 특유의 향과 맛을 형성하는 과정으로 음식의 식감과 향미를 향상시키며, 적절한 수분량을 유지하여 건조하지 않은 상태를 유지

질감 특성(texture sensation) 음식의 질감이 부드럽거나 탱글탱글한 특성. 음식의 식감이 소비자에게 풍부한 경험을 제공

바삭함(crispiness) 음식의 겉은 바삭하고 속은 부드러운 특성. 예를 들어, 바삭한 튀김, 피자의 외부 식감이나 과자의 씹는 느낌 등이 이에 해당

수분감(hydration) 음식이나 음료가 적절한 수분을 함유하고 있는 특성

재료

일정한 크기의 감자 8개
올리브오일, 버터

기구 및 도구

200℃로 예열한 오븐
전자레인지, 오븐 팬
타이머, 기름 솔, 디지털 저울

실험 방법

1 크기가 일정한 감자 8개를 껍질 채 깨끗하게 씻어 물기를 제거한다.

2 감자의 무게를 측정하고 기록한다(**올리브오일, 버터를 바른 감자는 기름과 버터를 바른 후 측정한다).

3 오븐을 200℃로 예열한다.

4 아래의 표와 같은 조건으로 감자를 전처리한다.

	실험 내용	실험 조건	실험 방법
1	직화구이	200℃, 70분	감자를 팬 위에 올리고 70분 동안 굽는다
2		200℃, 40분	알루미늄 포일에 싼 감자를 팬 위에 올리고 40분 동안 굽는다.
3	복합 조리	전자레인지 5분 200℃ 40분	감자를 뚜껑 있는 그릇에 담아 전자레인지에 5분간 가열한 후, 200℃로 예열된 오븐에서 40분간 굽는다.
4	첨가물 효과	감자 표면에 올리브오일 바르기	물기를 제거한 감자 표면에 기름 솔을 이용하여 올리브오일을 골고루 바르고 200℃로 예열된 오븐에서 70분간 굽는다.
5			물기를 제거한 감자 표면에 기름 솔을 이용하여 올리브오일을 골고루 바르고 알루미늄 포일에 싸서 200℃로 예열된 오븐에서 40분간 굽는다.
6		감자 표면에 버터 바르기	물기를 제거한 감자 표면에 기름 솔을 이용하여 버터을 골고루 바르고 200℃로 예열된 오븐에서 70분간 굽는다.
7			물기를 제거한 감자 표면에 기름 솔을 이용하여 버터를 골고루 바르고 알루미늄 호일에 싸서 200℃로 예열된 오븐에서 40분간 굽는다.

실험 결과

오븐굽기 조건별 감자의 특성 비교

	감자 1	감자 2	감자 3	감자 4	감자 5	감자 6	감자 7
감자의 무게 변화(g)							
감자 껍질의 건조함							
감자 껍질의 바삭함							

	감자 1	감자 2	감자 3	감자 4	감자 5	감자 6	감자 7
감자 속살의 포슬함							
감자 속살의 수분감							
구운 감자의 풍미							

**각 실험조리 조건에 따라 구운 감자의 껍질과 속살의 질감과 풍미는 자세하게 묘사하여 기록하고, 실험조리 조건별로 순위를 매겨도 좋습니다.

결과 고찰

실생활에 응용

흡수된 물이 굽는 동안 감자의 텍스처에 영향을 줄 수 있으므로 바삭한 식감의 감자를 원한다면 세척한 후 건조 과정이 필요하다.

실험 2

조리 방법에 따른 매시드포테이토의 품질 비교

BACKGROUND

감자는 전분함량이 높은 식품이다. 감자의 전분은 곡류보다 크고 투명한 형태이며 호화개시온도가 낮고 노화가 느린 것이 특징이다. 전분은 세포의 내부에 포함되어 있으며 가열이나 물리적인 힘(젓기, 으깨기 등)에 의해 세포 밖으로 용출되어 나오게 된다. 감자를 삶는 동안 수분이 감자 속으로 지나치게 유입되거나 지나치게 오랫동안 으깨면 감자의 전분 용출이 많아져서 질척한 매시드포테이토가 되기 쉽다.

KEYWORDS

감자 삶기(boiling potatoes) 감자를 끓는 물에 삶아 부드럽고 촉촉하게 조리하여 다양한 요리에 활용할 수 있도록 하는 기본적인 조리 방법

감자의 수분량(moisture content) 수분량은 삶는 동안 감자가 흡수하는 물의 양을 의미하며, 올바른 수분 조절은 부드럽고 촉촉한 감자를 얻는 데 중요함

으깨는 조건(mashing conditions) 감자를 으깨는 조건은 부드럽고 매끄러운 텍스처를 만들기 위한 것으로, 삶는 시간, 압력, 그리고 추가되는 재료를 조절하여 원하는 질감을 얻을 수 있음

질감 특성(texture sensation) 감자 삶기에서의 질감 특성은 으깨는 방식에 따라 부드럽거나 거친 텍스처를 나타내며, 감자를 어떻게 으깨느냐에 따라 식사의 맛과 풍미가 달라짐

재료

일정한 크기의 감자 8개
물

기구 및 도구

냄비
칼, 도마, 감자필러
스테인리스 체
감자 으깨는 도구 & 그릇

실험 방법

1 크기가 일정한 감자 6개를 필러로 깎아 깨끗하게 씻어 물기를 제거한 후 무게를 측정하고 기록한다.

2 삶는 조건을 달리하기 위해 통감자(2개), 4등분 감자(2개), 8등분 감자(2개)로 썰어 놓는다.

3 썰어 놓은 감자를 물에 헹구어 표면의 전분을 제거한다.

4 감자를 냄비에 담아 동일한 양의 물을 붓고 30분간 중불에서 가열한다.

5 가열 후, 스테인리스 체에 부어 뜨거운 물을 제거한 후 무게를 측정하고 기록한다.

6 각각의 감자를 볼에 넣고 아래와 같은 조건으로 으깬다.

	실험 내용	실험 조건	실험 방법	
1	통감자	냄비에 감자와 물을 넣고 중불에 30분 가열한 후, 체에 부어 뜨거운 물을 제거한다.	뜨거운 김이 빠진 감자를 볼에 넣고 감자 으깨는 도구로 10분간 으깬 후 접시에 담는다.	뜨거운 김이 빠진 감자를 볼에 넣고 감자 으깨는 도구로 20분간 으깬 후 접시에 담는다.
2	4등분 감자			
3	8등분 감자			

실험 결과

조리 방법에 따른 매시드포테이토의 품질 비교

	통감자		4등분 감자		8등분 감자	
	10분 으깨기	20분 으깨기	10분 으깨기	20분 으깨기	10분 으깨기	20분 으깨기
감자의 무게 변화(g)						
으깬 감자의 포슬포슬함						
으깬 감자의 질척함						
으깬 감자의 부드러움						
으깬 감자의 끈적함						
으깬 감자의 풍미						

**가 실험조리 조건에 따라 으깬 감자의 질감과 풍미는 자세하게 묘사하여 기록하고, 실험조리 조건별로 순위를 매겨도 좋습니다.

결과 고찰

실생활에 응용

감자는 다양한 조리 방법으로 활용할 수 있는 식재료이다. 너무 오래 삶으면 물러지는 문제가 발생할 수 있으므로 비슷한 크기의 감자를 통일성 있게 선택하고 삶는 시간에 주의하는 것이 좋다.

제6장

두류에 들어 있는 단백질은 식물성 단백질이지만 생물가가 높을 뿐 아니라 경제성도 높아 단백질 급원식품으로서 중요하다. 한국인은 검정콩, 강낭콩, 동부, 팥 등을 넣은 잡곡밥, 콩조림 등 두류 그 자체를 조리하여 이용한다. 또한 두부, 두유, 면 등의 두류 가공식품이나 장류와 같은 발효 식품의 제조에도 널리 이용해 왔다. 최근에는 두류 성분의 생리적 기능성이 알려지면서 건강식품으로 인정을 받아 세계적으로 두류 소비가 증가하는 추세이다.

학 습 목 표

1. 시간 경과에 따른 두류의 수분 흡수를 관찰하고 적정 침지 시간을 알아본다.
2. 두류 조리 시 침지 여부와 첨가물에 따른 가열 시간, 익힌 후 두류의 관능적 특성을 비교한다.
3. 두부의 제조 원리와 과정을 이해하고 응고제의 종류에 따른 두부의 수율과 색, 맛, 질감, 단단한 정도를 평가한다.

실 험 내 용

실험 ① 침지 시간에 따른 두류의 흡수율

실험 ② 조리 조건에 따른 두류의 가열 시간 및 관능적 특성

실험 ③ 응고제의 종류에 따른 두부의 관능적 특성 및 수율

실험 1 침지 시간에 따른 두류의 흡수율

시간 경과에 따른 두류의 수분 흡수를 관찰하고 적정 침지 시간을 알아본다.

BACKGROUND

대두, 검정콩, 팥 등 건조된 두류는 딱딱한 외피에 둘러싸여 있으며, 외피는 물을 쉽게 투과시키지 않으므로 장시간 물에 담가 충분히 불린 후 가열해야 쉽게 무른다. 물에 불리는 시간은 두류의 종류에 따라 다르고, 침지하는 물의 온도에 따라서도 다르다.

KEYWORDS

쥐눈이콩 서목태라고도 불리는 윤기가 나는 작은 크기의 검정콩

침지 건조 두류를 물에 담가 불리는 과정

재료

흑태(검정콩) 20 g
대두 20 g
쥐눈이콩 20 g
녹두 20 g
팥 20 g

기구 및 도구

비커(200 mL) 5개
선사서울
작은 접시
타이머

실험 방법

1 콩은 이물질을 제거하고 흠이 없는 것으로 골라서 깨끗하게 씻어 물기를 뺀다.

2 5개의 비커에 각각의 콩 20 g에 물 100 g씩을 가하여 불린다.

3 1시간이 경과하면 콩을 체로 건져 무게를 잰다.

4 다시 콩을 넣어 불리고 시간이 경과할 때마다 위의 과정을 반복하여 콩의 무게를 잰다(무게의 변화가 없을 때까지).

5 콩의 무게 변화로부터 흡수율을 계산한다.

6 침지 시간에 따른 흡수율을 그래프로 그리고 적정 침지 시간을 구한다.

$$\text{흡수율(\%)} = \frac{\text{침지 후 무게} - \text{침지 전 무게}}{\text{침지 전 무게}} \times 100$$

실험 결과

침지 시간에 따른 두류의 흡수율

시간 / 종류	60분	90분	120분	150분	180분	240분	360분
	무게(g)	무게(g)	무게(g)	무게(g)	무게(g)	무게(g)	무게(g)
흑태(검정콩)							
대두							
쥐눈이콩							
녹두							
팥							

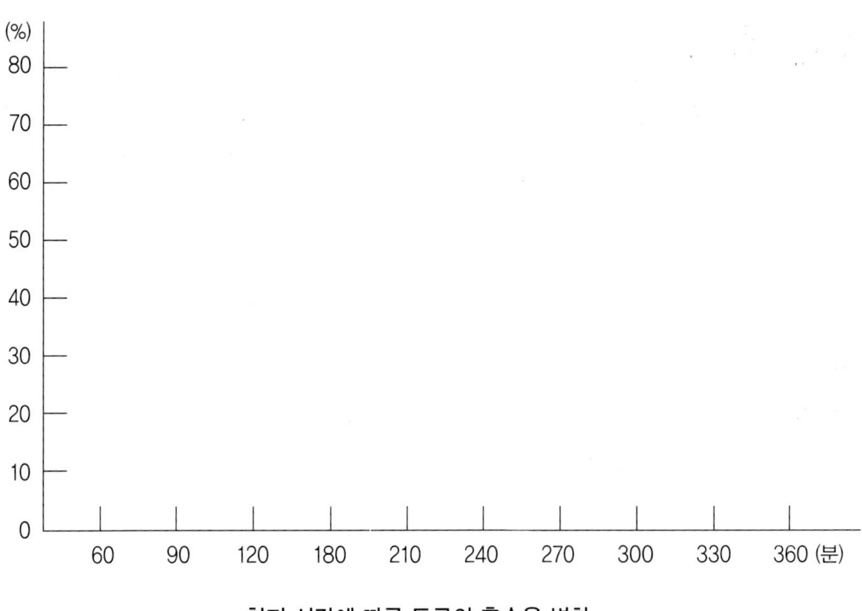

침지 시간에 따른 두류의 흡수율 변화

결과 고찰

실생활에 응용

- 콩밥, 콩국수, 콩조림 등 두류식품을 이용할 때는 여름에는 3시간, 겨울에는 6시간 정도 물에 담가 불려야 한다.
- 마른 콩 2큰술은 20 g 정도로 불린 후에는 3큰술, 약 30 g 정도가 된다.

실험 2

조리 조건에 따른 두류의 가열 시간 및 관능적 특성

두류 조리 시 침지 여부와 첨가물에 따른 가열 시간, 익힌 후 두류의 관능적 특성을 비교한다.

BACKGROUND

대두의 단백질은 식염과 같은 중성용액에 잘 용해되며, 세포벽 구성 성분인 헤미셀룰로스는 알칼리에 의해 연화되는 성질을 지닌다. 따라서 콩을 삶을 때 이런 성질을 이용하면 쉽게 물러지고 조리 시간이 단축된다. 반면 알칼리는 익힌 두류의 색 변화나 영양 성분의 파괴를 촉진시키므로 음식의 성격이나 특성에 맞추어 두류의 조리 방법이 달라져야 한다.

KEYWORDS

글리시닌 글로불린에 속하는 콩 단백질

헤미셀룰로스 셀룰로스와 함께 식물 세포벽에 존재하는 오탄당과 육탄당 등으로 구성된 복합다당류

안토사이아닌 수용성인 검정콩의 색소 성분 중 하나

재료

흑태(검정콩) 150 g
소금 1.5 g
식초 40 g
베이킹소다 2 g
식용유 10 g

기구 및 도구

냄비(지름 15 cm) 4개
작은 접시
전자저울
타이머

실험 방법

1 콩은 이물질 등을 제거하고 흠이 없는 것으로 골라서 깨끗하게 씻어 물기를 뺀다.
2 콩 120 g에 물 600 mL를 넣고 여름철 기준 3시간, 겨울철 기준 6시간가량 불린다(미리 준비해 둔다). 30 g은 불리지 않고 준비한다.
3 불린 콩을 건져 무게를 재고 4등분한다.
작은 냄비에 아래 '처리 방법'의 지시대로 처리 조건을 달리하여 준비한다.
4 시간을 재면서 중불에서 뚜껑을 열고 가열한다.
가열할 때 거품이 많이 끓어오르면 식용유를 2~3방울을 넣는다.
5 콩이 부드러워질 때까지의 가열 시간을 잰다.
6 콩을 건져 접시에 담고 익힌 두류의 색, 질감 및 연화된 정도를 평가한다.
7 30분 지난 후 익힌 두류의 외관 변화를 평가한다.

처리 방법

방법 A 불린 콩 + 물 200 g

방법 B 불린 콩 + 물 200 g + 소금 1.5 g

방법 C 불린 콩 + 물 200 g + 베이킹소다 1 g

방법 D 불린 콩 + 물 200 g + 식초 40 g

방법 E 불리지 않은 콩 + 물 200g + 베이킹소다 1 g

실험 결과

조리 조건에 따른 두류의 가열 시간 및 관능적 특성

처리 방법	가열 시간(분)	색	질감 및 연화 정도	전체적 수응도[1]	30분 후 외관
방법 A					
방법 B					
방법 C					

처리 방법	가열 시간(분)	색	질감 및 연화 정도	전체적 수응도[1]	30분 후 외관
방법 D					
방법 E					

[1] 수응도가 높은 것부터 순위를 매김

결과 고찰

실생활에 응용

- 콩밥을 할 때 소금물에 불렸다가 밥을 하면 콩의 질감이 훨씬 부드러워진다.
- 콩을 삶을 때 중탄산소다를 약간 넣으면 빨리 무르지만 콩에 들어 있는 티아민의 파괴를 촉진한다.
- 콩조림을 만들 때는 먼저 콩을 충분히 불린 다음 삶아야 하며 처음부터 설탕이나 간장을 넣으면 삼투 현상으로 인해 콩이 쭈글쭈글하고 딱딱해진다.

실험 3

응고제의 종류에 따른 두부의 관능적 특성 및 수율

두부의 제조 원리와 과정을 이해하고 응고제의 종류에 따른 두부의 수율과 색, 맛, 질감, 단단한 정도를 평가한다.

BACKGROUND

콩의 주 단백질인 글리시닌은 열에는 비교적 안정하여 가열만으로는 응고되지 않으나 염류와 산에는 불안정하여 변성·응고한다. 두부는 콩으로부터 두유를 얻은 다음 콩 단백질의 응고되는 성질을 이용하여 만든다. 두유를 응고시키는 데는 여러 종류의 응고제를 사용할 수 있으며, 전통적으로는 칼슘과 마그네슘 등이 들어 있는 간수를 첨가하여 두부를 제조한다.

KEYWORDS

변성 단백질의 구조가 여러 가지 물리 화학적 요인의 영향을 받아 그 성질이 변하고 생물적 활성이 상실되거나 저하됨

재료

대두 300 g
염화칼슘 3 g
염화마그네슘 3 g
식초 20 g
식용유 3 g

기구 및 도구

냄비(지름 25 cm)
저울
온도계(100℃)
고운 체 또는 면보자기
블렌더
성형 틀(10×10×10 cm)

실험 방법

두유 제조

1 대두 300 g을 깨끗이 씻은 후 5배의 물을 넣고 여름철 기준 3시간, 겨울철 기준 6시간가량 불린다(미리 준비해 둔다).

2 블렌더에 불린 콩을 소량씩 넣고 물을 가하여 마쇄한다. 총 3 L의 물을 사용한다.

3 간 콩을 깊은 냄비에 붓고 저어가면서 가열한다. 끓기 시작하면 거품이 생겨 넘치기 쉬우므로 식용유 3 g을 가하고 10분간 계속 가열한다.

4 고운체나 면 보자기에 걸러 두유와 비지를 분리한다.

두부 성형

1 염화칼슘과 염화마그네슘 각각 3 g을 물 80 mL에 녹인다.

2 두유를 800 mL씩 재어 70℃로 식힌 후 각각 아래 '처리 방법'대로 응고제를 3~4회로 나누어 서서히 가한다. 응고제를 잘 섞어준 다음 5~6분 정도 방치한다.

3 면 보자기를 깐 성형 틀에 붓는다.

4 물이 빠지면 무거운 것으로 20분간 눌러 두부를 압착한다.

5 두부 틀에서 두부를 꺼내 무게를 재고 두부가 잠길 충분한 양의 물에 20분 이상 침지한다.

두부의 특성 평가

1 두부의 수율을 계산한다.

2 두부를 잘라 단면을 평가한다.

3 맛과 질감 및 전체적인 수응도를 평가한다.

$$\text{수율(\%)} = \frac{\text{두부 무게(g)}}{\text{콩 무게(g)}} \times 100$$

처리 방법

방법 A 대두 무게의 3% 염화칼슘

방법 B 대두 무게의 3% 염화마그네슘

방법 C 식초 20 g

실험 결과

응고제의 종류에 따른 두부의 관능적 특성 및 수율

응고제의 종류	자른 단면[1]	맛	질감	수응도[2]	두부 무게(g)	수율(%)
염화칼슘						
염화마그네슘						
식초						

[1] 거칠다, 매끄럽다, 구멍이 많다

[2] 좋은 것 순으로 번호를 매김

결과 고찰

실생활에 응용

- 불린 콩의 껍질을 벗기면 더 부드러운 질감의 두부를 만들 수 있다.
- 응고제의 양이 많거나 가열 시간이 길어지면 두부의 질감이 단단해진다.

제7장

가루 제품

인류가 곡류를 섭취하는 방식이 입식(粒食)에서 분식(粉食)으로 확대되면서 식생활의 범위는 매우 넓어졌다. 쌀이 우리 문화권에서 가장 중요한 에너지원으로 사용된 것처럼 밀도 인류 역사에서 오랫동안 가장 중요한 작물의 하나로 사용되어져 왔다. 쌀이 입식과 분식의 조리법으로 고루 발전한 것과는 달리 밀은 주로 가루를 내어 사용되었으며, 단독으로 혹은 다른 부재료를 첨가해 여러 가지 가루 제품으로 발전해 왔다.

학습목표

1. 시판되는 여러 가지 밀가루의 가루 상태를 비교하고, 반죽하여 글루텐을 형성한 후 글루텐의 양과 물성을 비교한다.
2. 쌀가루의 종류와 물의 온도를 달리한 경단의 품질 특성을 비교한다.
3. 이스트의 발효 조건을 각기 달리하여 이산화탄소의 발생을 가장 충분히 할 수 있는 발효 조건을 비교한다.
4. 퀵 브레드의 종류를 익히고 방법을 달리한 머핀을 만들어 본다.
5. 여러 가지 종류의 케이크를 만들어 제조 방법과 제품의 특성을 비교한다.

실험내용

실험 ① 가루 제품의 글루텐 형성

실험 ② 쌀가루와 물 온도를 달리한 경단 제조

실험 ③ 온도에 따른 이스트 발효

실험 ④ 퀵 브레드 제조

실험 ⑤ 케이크 제조

실험 1 가루 제품의 글루텐 형성

시판되는 여러 가지 밀가루의 색, 촉감 등을 비교하고, 물을 첨가해 반죽하여 글루텐을 형성한 후 글루텐의 양과 물성을 비교한다.

BACKGROUND

밀의 단백질은 글리아딘과 글루테닌 상태로 주로 배유에 존재하며 필수아미노산이 부족한 불완전 단백질이다. 밀가루에 50~60%의 물을 가하여 반죽하면 글리아딘과 글루테닌이 물과 결합하여 그물 구조의 글루텐이 형성된다. 글루텐의 함량과 물성은 밀가루의 종류에 따라 다르므로 용도에 따라 밀가루를 선택하여 사용한다.

KEYWORDS

글리아딘 글루테닌과 함께 글루텐을 구성하며, 둥근 모양의 단백질인 글리아딘은 점성을 부여함

글루테닌 막대 모양의 단백질인 글루테닌은 탄성을 부여해 오래 반죽할수록 강하고 질긴 글루텐을 형성함

재료

박력분 1 C, 중력분 1 C
강력분 1 C, 통밀가루 1 C

기구 및 도구

반죽용기, 가루용 체 1개
오븐, 계량컵

실험 방법

1 준비한 여러 종류의 밀가루를 손가락 끝으로 비벼보면서 입자 상태를 살펴본다.

2 밀가루를 한줌 쥐었다 펴서 손바닥 위에 놓고 뭉쳐 있는 상태와 색을 관찰한다.

3 각각의 밀가루 100 g씩을 재서 그릇에 담고 약 50 g 정도의 물을 가하여 된 반죽을 만든다. 그릇에 묻은 밀가루를 긁어내리면서 약 15분 정도 반죽하여 글루텐을 형성시킨다.

4 그릇에 찬물을 채우고 그 속에서 반죽을 이기어 전분 등 수용성 성분을 씻어낸다. 계속 물을 바꾸어 주면서 반죽을 씻어내는데 이때 고운체를 사용하여 글루텐이 유실되지 않도록 한다. 반죽으로부터 빠져나오는 물이 맑으면 글루텐만 남은 것으로 보고 부피와 질감을 측정한다. 이를 둥글게 만들어 200℃에서 40분 동안 굽고 부피를 측정한 다음 잘라서 구워진 글루텐의 내부 구조를 관찰한다.

실험 결과

각종 밀가루의 글루텐 형성 능력 비교

특성 / 밀가루 종류	가루의 특성			글루텐의 특성			
				굽기 전		구운 후	
	입자 상태[1]	뭉쳐진 상태[2]	색[3]	질감[4]	부피[5](mL)	내부 구조[6]	부피[5](mL)
박력분							
중력분							
강력분							
통밀가루							

1) 실크 같은, 거친, 고운, 모래 같은 등
2) 응집력 있는, 갈라지는, 헤쳐지는 등
3) 흰색, 크림색, 회색, 베이지색, 탄 것 같은 색 등
4) 유연한, 딱딱한, 탄력 있는, 껌 같은, 탄력 없는, 질긴 등
5) 물 치환법을 사용할 것
6) 조밀한, 뻥 뚫린, 구멍이 있는 등

결과 고찰

실생활에 응용

빵을 만들 때 첨가되는 부재료들 중에는 글루텐 형성 능력에 영향을 미치는 것들이 있다. 설탕, 지방, 소금, 베이킹파우더 등의 부재료를 넣어 같은 방법으로 반죽하고 구워 이들 부재료들이 글루텐 형성을 돕는지, 방해하는지 알고 이를 적절히 이용한다.

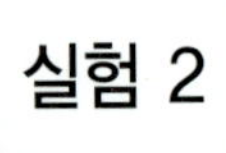

쌀가루와 물 온도를 달리한 경단 제조

쌀가루의 호화에 영향을 미치는 요소를 익히고, 쌀가루의 종류에 따른 떡의 특성을 관찰한다.

BACKGROUND

쌀가루는 밀가루와 달리 글루텐이 없으므로 전분의 일부 호화과정을 거쳐야 반죽이 쉽게 된다.

KEYWORDS

호화 전분에 물을 넣고 가열하면 전분입자가 물을 흡수해 팽윤되어 콜로이드 상태가 되는 현상

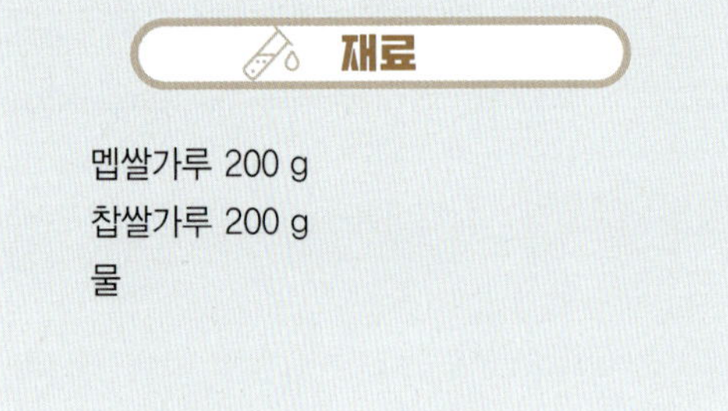

재료

멥쌀가루 200 g
찹쌀가루 200 g
물

기구 및 도구

반죽용기, 고무주걱
전자저울

실험 방법

1 A, B 그릇에 멥쌀가루 각 100 g, C, D 그릇에는 찹쌀가루 각 100 g을 계량해서 담는다.

2 A와 C 그릇의 쌀가루에는 찬물 1 Ts을, B와 D 그릇의 쌀가루에는 뜨거운 물 1 Ts을 각각 넣어 50회 정도 치대어 반죽한다. 가루의 보관 온도와 계절, 습도에 따라 반죽 시 필요한 물의 양은 달라질 수 있으나 4그릇의 조건을 동일하게 유지한다.

3 지름 약 1.5 cm의 경단을 빚어 끓는 물에 넣어 떠오를 때까지 익힌다.

4 익은 경단을 건져 찬물에 넣어 식히고 체에 받쳐 물기를 뺀다.

실험 결과

쌀가루 종류와 물의 온도에 따른 떡 반죽의 특성

	익히기 전 중량	익힌 후 중량	조직감	맛	비고
멥쌀가루 + 찬물					
멥쌀가루 + 끓는 물					
찹쌀가루 + 찬물					
찹쌀가루 + 끓는 물					

결과 고찰

....

....

....

....

....

....

....

실생활에 응용

송편이나 경단, 화전 등 쌀가루를 반죽하여 모양을 만들어야 하는 떡은 뜨거운 물로 쌀의 전분을 일부 호화시켜야 반죽이 쉽다. 이 외에도 부재료나 치대는 정도 등이 쌀가루 반죽의 특성에 영향을 미친다.

실험 3

온도에 따른 이스트 발효

이스트 빵의 발효 조건을 각기 달리하여 이산화탄소의 발생을 가장 충분히 할 수 있는 발효 조건을 비교한다.

BACKGROUND

이스트는 빵을 부풀리기 위한 생물학적 팽창제로 사용된다. 생물학적인 팽창제이기 때문에 최적의 활동 조건을 가진다. 가장 널리 사용되는 이스트는 사카로마이세스 세레비지에(Saccharomyces cerevisiae)로 35℃ 정도의 온도에서 최적의 활성을 가지며 영양원으로 설탕을 첨가하기도 한다.

KEYWORDS

스타터(starter) 발효를 시작시킬 수 있는 물질. 반죽의 일부를 사용함

재료

드라이이스트 8 g
설탕 8 g
물 120 g
밀가루 140 g

기구 및 도구

반죽용기, 고무주걱
비커(250 mL) 4개

실험 방법

1 눈금이 있는 250 mL 비커 4개에 드라이이스트 2 g과 설탕 2 g씩을 넣고 각각에 온도가 다른 물(40℃, 100℃, 얼음물) 30 g을 넣고 섞는다.

2 4개의 비커에 35 g의 밀가루를 넣어 충분히 저은 다음, 고무주걱으로 용기 주위에 묻은 것을 긁어내리고 위를 평평하게 하여 부피를 잰다.

3 다음에 제시된 방법대로 각각을 1시간 동안 발효시킨 후 다시 부피를 재고, 부피 증가율을 산출하여 발효 정도를 나타내는 지표로 사용한다.

$$\text{부피 증가율(\%)} = \frac{\text{최종 부피} - \text{처음 부피}}{\text{처음 부피}} \times 100$$

처리 방법

방법 A 이스트 2 g, 설탕 2 g, 40℃ 물 30 g + 밀가루 35 g → 실온 발효

방법 B 이스트 2 g, 설탕 2 g, 100℃ 물 30 g + 밀가루 35 g → 실온 발효

방법 C 이스트 2 g, 설탕 2 g, 얼음물 30 g + 밀가루 35 g → 실온 발효

방법 D 이스트 2 g, 설탕 2 g, 얼음물 30 g + 밀가루 35 g → 냉장 발효

실험 결과

수화 및 발효 온도가 이스트에 의한 CO_2 생성에 미치는 영향

온도(℃)		부피(mL)		부피 증가율(%)
물 온도	발효 온도	처음 부피	발표 후 부피	
미지근한 물(40℃)	실온			
끓는 물(100℃)	실온			
얼음물	실온			
얼음물	냉장 온도			

결과 고찰

실생활에 응용

가장 많이 사용되는 이스트는 생이스트와 드라이이스트이다. 생이스트의 경우 수분함량이 높으므로 보관 조건이 까다롭고 오래 보관하지 못하나 풍미는 좀 더 좋다. 생이스트를 쓸 경우 드라이이스트의 약 2배를 사용해야 같은 정도의 발효를 기대할 수 있다.

실험 4

퀵 브레드 제조

퀵 브레드의 종류를 익히고 몇 가지 종류의 퀵 브레드를 만들어 제조 조건에 따른 외관과 관능 특성을 비교한다.

BACKGROUND

퀵 브레드라고 하면 아침식사용으로 많이 사용되는 것으로 머핀, 비스킷, 그리들 케이크, 와플, 퍼프오버, 크림 퍼프 등이 여기에 해당된다. 가루는 중력분이나 강력분을 사용하고 대부분 화학적 팽창제를 사용한다. 설탕 사용량은 많지 않다.

KEYWORDS

그리들 케이크(griddle cake) 흔히 핫케이크 혹은 팬케이크라고 하며 묽은 반죽을 사용

크림 퍼프(cream puffs) 일명 슈크림이라고도 하며, 밀가루와 액체의 비율이 1:1 정도 되는 묽은 반죽을 사용

재료

머핀법

중력분 380 g, 달걀 80 g
소금 4 g, 우유 330 g, 베이킹파우더 10 g
설탕 60 g, 식용유 60 g

비스킷법

중력분 380 g, 버터 180 g, 소금 4 g
우유 170 g, 달걀 80 g
베이킹파우더 10 g, 설탕 60 g

기구 및 도구

반죽용기 2개
거품기, 오븐, 머핀 틀
계량컵, 계량스푼, 전자저울

실험 방법

머핀법

1 중력분, 소금, 베이킹파우더 및 설탕 50 g을 함께 체에 친다.

2 달걀은 노른자와 흰자가 섞이도록 고루 젓는다.

3 달걀 푼 것과 우유, 식용유 50 g 등 액체 재료를 함께 섞는다.

4 1의 재료와 액체 재료 혼합물을 합하고 1/5분량씩 A, B, C, D, E의 5개 그룹으로 나눈다(기본 레시피).

5 4의 D 그룹 반죽에 식용유 10 g 추가하고, E 그룹 반죽에는 설탕 10 g을 추가한다.

6 각 그룹의 반죽을 다음과 같이 고루 저어준 뒤 머핀 틀에 담아 200℃로 예열한 오븐에서 굽는다.

A. 기본 레시피+15회 젓기

B. 기본 레시피+30회 젓기

C. 기본 레시피+60회 젓기

D. 기본 레시피+식용유 10 g 추가+30회 젓기

E. 기본 레시피+설탕 10 g 추가+30회 젓기

비스킷법

1 중력분, 소금, 베이킹파우더 및 설탕 50 g을 함께 체에 친다.

2 1의 가루에 차가운 버터 150 g을 넣고 버터가 매우 작은 조각이 될 때까지 포크 등으로 잘라 고루 섞는다.

3 달걀은 노른자와 흰자가 잘 섞이도록 고루 젓는다.

4 달걀 푼 것과 우유를 2에 넣어 함께 섞은 다음 1/5분량씩 A, B, C, D, E의 5개 그룹으로 나눈다(기본 레시피).

5 4의 D 그룹 반죽에 버터 30 g을 추가하여 다시 작은 조각이 될 때까지 잘라 섞어준다. E 그룹 반죽에는 설탕 10 g을 추가한다.

6 각 그룹의 반죽을 다음과 같이 고루 저어준 뒤 머핀 틀에 담아 200℃로 예열한 오븐에서 굽는다.

A. 기본 레시피+15회 젓기

B. 기본 레시피+30회 젓기

C. 기본 레시피＋60회 젓기

D. 기본 레시피＋버터 30 g 추가＋30회 젓기

E. 기본 레시피＋설탕 10 g 추가＋30회 젓기

실험 결과

젓는 횟수와 재료에 따른 머핀의 특성 및 구조

젓는 횟수 및 재료		외관			연한 정도	기호도
		겉모양[1]	광택과 색[2]	기공[3]		
머핀법	15회 젓기					
	30회 젓기					
	60회 젓기					
	지방 추가+30회 젓기					
	설탕 추가+30회 젓기					
비스킷법	15회 젓기					
	30회 젓기					
	60회 젓기					
	지방 추가+30회 젓기					
	설탕 추가+30회 젓기					

[1] 좌우대칭적인, 뾰족한, 둥근, 기울어진 등

[2] 광택이 있는, 광택이 없는, 색이 진한, 색이 연한, 갈색의, 크림색의, 얼룩덜룩한 등

[3] 균일한, 균일하지 않은, 터널이 뚫린 등

결과 고찰

실생활에 응용

대부분의 퀵 브레드는 묽은 반죽을 사용하므로 화학적 팽창제 이외에도 빵이 구워지는 동안 팽창되는 수증기로 부피를 얻는다. 따라서 완성되기까지 충분히 온도를 유지하는 것이 필요하다. 실패하지 않기 위해서는 구워지는 동안 오븐 문을 열어보지 않도록 한다.

실험 5 케이크 제조

여러 가지 종류의 케이크를 만들어 제조 방법과 제품의 특성을 비교한다.

BACKGROUND

케이크는 지방 사용에 따라 쇼트케이크(shortened cake)와 언쇼트케이크(unshortened cake)로 분류할 수 있다. 지방을 사용하지 않는 케이크의 경우에는 달걀을 사용하여 부피를 얻는다. 글루텐이 과도하게 생기지 않도록 부드럽게 반죽한다.

KEYWORDS

글루텐 밀가루에 함유되어 있는 단백질. 케이크를 만들 때는 글루텐 함량이 적은 박력분을 사용

재료

쇼트케이크
체에 친 박력분 100 g, 설탕 100 g
소금 2 g, 달걀 50 g, 베이킹파우더 4 g
우유 70 g, 고체지방 45 g, 바닐라향 2 g

스펀지케이크
체에 친 박력분 40 g, 설탕 70 g
레몬주스 5 g, 소금 2 g, 난황 40 g
난백 60 g, 강판에 간 레몬 껍질 3 g

시폰케이크
체에 친 박력분 80 g, 냉수 45 g
설탕 100 g, 강판에 간 레몬 껍질 9 g
베이킹파우더 3 g, 바닐라향 2 g, 소금 2 g
난백 60 g, 난황 40 g, 식용유 24 g
크림 오브 타르타르 1 g

기구 및 도구

반죽용기, 거품기
베이킹 틀(직경 20 cm 둥근 팬이나 튜브 팬)
오븐

실험 방법

쇼트케이크

1 밀가루와 소금, 베이킹파우더를 함께 체에 친다.

2 우유에 바닐라향을 넣어 섞는다.

3 고체지방은 부드럽게 저은 다음 설탕을 조금씩 가하면서 저어 크리밍한다.

4 부드러워진 크림 혼합물에 달걀을 넣고 완전히 섞는다.

5 마른 재료와 액체를 소량씩 번갈아 넣은 후 완전히 섞이도록 저어준다.

6 그릇과 거품기에 묻은 반죽을 긁어내린 다음 다시 저어주되 반죽하는 데 총 소요시간이 3분이 넘지 않도록 한다.

7 준비한 팬에 반죽을 붓고 180℃ 오븐에서 20~25분간 굽는다.

스펀지케이크

1 설탕을 3등분한다.

2 밀가루, 소금, 설탕 1/3분량을 잘 섞는다.

3 난백을 거품 내고 천천히 설탕 1/3분량을 섞는다.

4 레몬주스와 껍질 간 것을 3의 거품에 넣고 잘 섞는다.

5 난황을 옅은 레몬색이 될 때까지 거품을 내다 남아 있는 설탕을 모두 넣고 섞는다.

6 거품 낸 난백과 난황을 섞은 다음 2의 가루를 넣고 잘 섞는다.

7 튜브 팬이나 로프 팬에 반죽을 넣고 윗부분이 평평하게 되도록 정리한다.

8 180℃ 오븐에서 20~25분간 굽는다.

시폰케이크

1 체에 친 박력분과 설탕 1/2분량, 베이킹파우더, 소금을 중간 크기의 볼에 섞는다.

2 여기에 식용유와 난황, 물, 레몬 껍질, 바닐라향을 넣는다. 이때 젓지 않는다.

3 다른 볼에다 난백에 크림 오브 타르타르를 넣어 거품을 낸다. 여기에 남은 설탕 1/2분량을 천천히 넣으면서 거품을 낸다.

4 같은 거품기로 2에서 섞어 놓은 것들을 저어준다.

5 모든 반죽을 한데 넣고 가볍게 섞어준다. 전기 믹서를 이용할 경우 저속으로 젓는다.

6 튜브 팬이나 로프 팬에 반죽을 넣고 180℃ 오븐에서 20~25분간 굽는다.

실험 결과

여러 가지 종류의 케이크 특성

섞는 방법	굽는 시간(분)	모양[1]	껍질[2]	부피	질감[3]
쇼트케이크					
스펀지케이크					
시폰케이크					

[1] 좌우 대칭인, 기울어진 등
[2] 고른 갈색, 줄이 쳐진, 갈라진, 부드러운 등
[3] 다공성인, 폭신폭신한, 질깃질깃한, 딱딱한 등

결과 고찰

실생활에 응용

난백의 거품을 이용해 부피를 얻는 케이크의 경우 튜브 팬을 사용하는 것이 좋다. 케이크의 부피가 클 경우 난백의 단백질 성분으로 인해 케이크 중앙까지 고루 익기 전에 가장자리가 타버릴 수 있기 때문이다. 튜브 팬은 팬의 중앙이 비어 있어 케이크의 중앙까지 고루 열을 전달할 수 있다.

제8장

유지류

식용 유지는 물리적인 상태에 따라서 상온에서 고체상의 것을 지방(fat), 액체상의 것을 유(oil)라고 한다. 고체상의 모든 지방은 고유의 녹는점에서 액체상으로 된다.
유지는 식품의 보습성과 관련되어 맛과 입 안에서의 촉감을 좋게 하며, 반죽 중 글루텐의 그물을 짧게 해주어 연화시키는 작용을 한다.
또한 고온으로 가열할 수 있어서 튀김 과정 중 식품으로 열이 전달되도록 하는 좋은 매개체가 되며, 샐러드드레싱의 주요 성분일 뿐 아니라 신체 내에서 농축된 열량원으로서 중요하다.

학 습 목 표

1. 유지의 발연점을 알아 적정한 용도와 특징을 익힌다.
2. 적절한 유화제를 사용하여 안정성이 높은 마요네즈를 만든다.
3. 유지의 쇼트닝성과 크리밍을 익혀 제빵 시 적절한 유지를 선택한다.
4. 튀긴 식품의 흡유량을 측정해 흡유량이 많은 식품과 조리 조건을 이해한다.

실 험 내 용

실험 ① 유지의 발연점에 영향을 미치는 요인

실험 ② 유화제와 교반 방법을 달리한 마요네즈의 유화 상태 비교

실험 ③ 제빵에서 유지의 쇼트닝성과 크리밍성 비교

실험 ④ 식품의 종류 및 튀김 온도에 따른 흡유량 비교

실험 1

유지의 발연점에 영향을 미치는 요인

조리 환경 중의 각종 요인이 튀김용 기름의 발연점에 어떤 영향을 주는지 알아본다.

BACKGROUND

유지는 물보다 훨씬 높은 온도로 가열될 수 있는 물질이므로 효율적인 에너지 전달체이다. 식품을 튀길 때는 몇 단계를 거쳐 빠르게 조리되는데 수분 증발, 흡유, 메일라드 반응으로 인한 색 형성, 완전한 내부 조리 순으로 변화가 일어난다.

튀김을 할 때는 발연점이 높은 기름을 사용해야 하며, 같은 기름이라도 사용 환경에 따라 발연점이 달라진다.

KEYWORDS

발연점 유지를 끓여 연기가 나기 시작하는 온도. 일반적으로 액체유를 고도로 정제, 탈취하게 되면 228℃ 이상의 높은 발연점을 지님

재료

대두유 100 g, 마가린 50 g
엑스트라 버진 올리브유 100 g,
참기름 50 g, 식빵 부스러기 약간

기구 및 도구

온도계
냄비(동일한 것) 8개

실험 방법

1 냄비에 준비한 유지류를 각각 50 g씩 넣는다.

2 대두유와 엑스트라 버진 올리브유에 식빵 부스러기를 조금 넣은 기름도 준비한다.

3 각각의 기름을 가열하여 발연 온도를 측정하고, 가열에 따른 기름의 점도와 색의 변화를 관찰한다.

4 발연점을 측정한 기름을 상온에서 30분 이상 방치한 후 다시 가열하여 발연 온도를 측정한다. 재가열에 따른 기름의 점도와 색을 관찰하고 발연 온도를 비교한다.

(주의) 냄비는 타다 남은 찌꺼기가 없는 깨끗한 것으로 준비한다. 온도를 측정할 때 냄비 바닥에 온도계가 닿지 않도록 한다. 발연점에 이른 유지는 자극적인 물질을 생성하므로 환기가 잘되는 공간에서 시행한다.

실험 결과

유지의 발연점에 영향을 주는 요인

기름의 종류 및 상태		발연점℃	점도의 변화[1]	색의 변화[2]
기름 종류	대두유			
	마가린			
	엑스트라 버진 올리브유			
	참기름			
이물질	대두유+식빵 부스러기			
	엑스트라 버진 올리브유+식빵 부스러기			
재가열	대두유			
	마가린			
	엑스트라 버진 올리브유			
	참기름			

1) 물처럼 흘러내리는, 묽은, 뻑뻑한, 끈적한 등

2) 투명한, 노르스름한, 갈색의, 진한 갈색의, 불그스름한, 검은 등

결과 고찰

실생활에 응용

시중에 판매되는 올리브유는 채유 방법과 정제 정도에 따라 용도와 가격이 다르다. 가장 비싸게 거래되는 엑스트라 버진 오일은 최상급의 올리브를 따자마자 압착해 채유하는 것으로 향은 좋지만 발연점이 낮아 열을 가하는 용도보다는 샐러드드레싱용으로 사용된다.

실험 2

유화제와 교반 방법을 달리한 마요네즈의 유화 상태 비교

다양한 유화제를 사용하고 교반 방법을 달리해 마요네즈의 유화 상태를 비교한다.

BACKGROUND

유화란 서로 섞이지 않는 두 가지 액체 물질이 혼합된 상태를 말하며 이러한 액을 유화액이라 한다. 당이나 알코올 등은 분자 내에 친수기인 수산기가 있기 때문에 물에 잘 녹는데 이외에도 알데하이드기, 아미노기, 카복실기 등이 친수기이다. 기름이 물에 섞이지 않는 것은 글리세롤의 수산기와 지방산의 카복실기가 결합하여 친수기가 밖으로 나타나지 않기 때문이다. 여기에 친수기와 소수기를 동시에 가진 물질을 유화제로 넣어주면 교각 역할을 하여 결합하는데 한 액체가 작은 입자가 되어 다른 액체에 산포된 상태로 존재하기 때문이다. 유화형에는 연속상이 기름, 불연속상이 물인 유중수적형 유화형과 연속상이 물이고 불연속상이 기름인 수중유적형 유화형이 있다.

KEYWORDS

유화제 친수성기와 친유성기를 동시에 갖는 물질. 천연유화제로는 난황의 레시틴이 가장 일반적이고 솔비탄 지방산 에스터, 설탕 지방산 에스터, 모노글리세라이드, 다이글리세라이드 등의 인공합성유화제가 사용됨

수중유적형 유화(oil in water emulsion, O/W형) 우유, 마요네즈 등의 유화형

유중수적형 유화(water in oil emulsion, W/O형) 버터, 마가린의 유화형

재료

달걀 4개, 식초 8 Tbs, 소금 2 ts
식용유 4 C, 겨자 1 ts

기구 및 도구

거품용기 4개
거품기, 전기믹서, 포크

실험 방법

1 매끈한 질감의 오목한 그릇 4개를 준비하여 A, B, C, D와 같이 유화제를 넣어둔다.
2 기름을 한 방울씩 떨어뜨리면서 포크로 잘 저어준다. 어느 정도 부피가 생기면 A, B, C는 거품기로, D는 전기 믹서로 젓는다.
3 기름이 반 정도 들어가 부피가 증가하면 남은 식초 5 g을 넣어 잘 섞고 다시 기름을 한 방울씩 가하면서 잘 저어준다.
4 제조된 마요네즈의 특성을 비교한다.
5 한 시간 방치한 후 분리 상태를 확인한다.

유화제의 변형

방법 A 식용유 1 C+유화제(난백 1개)+식초 2 Tbs+소금 1/2 ts+겨자 1/4 ts
방법 B 식용유 1 C+유화제(난황 1개)+식초 2 Tbs+소금 1/2 ts+겨자 1/4 ts
방법 C 식용유 1 C+유화제(전란 1개)+식초 2 Tbs+소금 1/2 ts+겨자 1/4 ts
방법 D 식용유 1 C+유화제(난황 1개)+식초 2 Tbs+소금 1/2 ts+겨자 1/4 ts

실험 결과

유화제와 교반기기에 따른 마요네즈 특성 비교

재료와 기기			제조 시간	부피	걸보기점도[1]	색[2]	맛	분리 상태
A	난백	거품기						
B	난황	거품기						
C	전란	거품기						
D	난황	전기믹서						

1) 모눈종이를 사용할 것
2) 연한, 크림색의, 금빛의 등

결과 고찰

실생활에 응용

가정에서 마요네즈를 잘 만들기 위해서는 재료의 혼합비를 알맞게 하는 것 이외에도 신선한 난황을 사용하는 것이 중요하다. 또 기름을 넣을 때 한꺼번에 넣지 말고 유화가 완전히 이루어지는지 확인하면서 조금씩 첨가하도록 한다. 가정에서 만든 마요네즈는 안정제 등을 첨가하지 않아 시판되는 것보다는 유화가 불안정할 수 있으므로 보관에 유의한다.

실험 3

제빵에서 유지의 쇼트닝성과 크리밍성 비교

유지의 종류를 달리하여 파이와 케이크를 만들어본다.

BACKGROUND

유지는 밀가루의 글루텐을 끊어 길게 늘어나지 못하게 하는 쇼트닝성과 공기를 포함하여 부피를 증가시키는 크리밍성을 가지고 있다. 쇼트닝성이 큰 유지는 제빵 제품을 부드럽고 바삭하게 만들고 크리밍성이 큰 유지는 부피를 증가시켜 부드럽게 만드는 역할을 한다.

KEYWORDS

쇼트닝성 밀가루를 반죽할 때 생성되는 글루텐이 길게 연결되지 못하도록 방해하는 성질

크리밍성 가루를 반죽할 때 공기를 포함시켜 색을 옅게 하고 부피를 증가시키는 성질

중력분 200 g, 박력분 200 g
마가린 150 g, 식용유 150 g
설탕 160 g, 달걀 160 g
소금 1 ts, 베이킹파우더 1 ts
물 60 mL

전자저울, 거품기
나무주걱, 고무주걱
밀대, 파운드케이크 틀, 쿠키 틀
유산지

실험 방법

파이의 쇼트닝성 비교

1 물기가 없는 매끈하고 오목한 볼 2개를 준비한다.
두 그룹의 실험 조건은 다음과 같다.
A. 중력분 100 g+마가린 50 g+소금 1/4 ts+물 30 mL
B. 중력분 100 g+식용유 50 g + 소금 1/4 ts+물 30 mL

2 중력분을 체에 치고 A는 차가운 마가린을 넣어 포크로 마가린을 콩알만한 크기가 될 때까지 잘라가며 섞는다. B는 식용유를 넣어 고루 잘 섞어준다.

3 물에 소금을 넣어 잘 녹인 후 반죽과 섞는다.

4 반죽을 냉장고에 20분 정도 넣어두었다가 밀대로 밀어 3~5 mm 정도 두께가 되면 쿠키 틀로 찍어 일정한 모양을 만든다.

5 180℃ 오븐에서 25~30분 동안 갈색이 날 때까지 굽는다.

파운드케이크의 크리밍성 비교

1 물기가 없는 매끈하고 오목한 볼 2개를 준비하고 마가린은 상온에서 부드럽게 한다.
두 그룹의 실험 조건은 다음과 같다.
A. 박력분 100 g+마가린 100 g+달걀 80 g+설탕 80 g+베이킹파우더 1/2ts+소금 1/4ts
B. 박력분 100 g+식용유 100 g+달걀 80 g+설탕 80 g+베이킹파우더 1/2ts+소금 1/4ts

2 박력분, 베이킹파우더, 소금은 체에 내린다.

3 두 개의 볼에 마가린과 식용유를 각각 넣고 거품기로 저으면서 크림 상태를 만든다. 설탕을 2~3회로 나누어 마가린에 넣어가면서 젓는다.

4 달걀은 조금씩 흘려 넣되 완전히 유지와 섞인 후 다시 조금씩 흘려 넣는 방법으로 섞는다.

5 체에 친 가루를 넣어 살살 섞는다.

6 준비해 둔 파운드 틀에 반죽을 붓고 고무주걱으로 표면을 평평하게 만든다.

7 180℃ 오븐에서 25~30분간 갈색이 날 때까지 굽는다.

실험 결과

유지의 종류에 따른 제빵제품의 쇼트닝성과 크리밍성 비교

제품의 종류 및 유지		제품의 높이		부스러지는 정도	질감[1]	기호도[2]
		굽기 전	구운 후			
파이	마가린(A)					
	식용유(B)					
파운드케이크	마가린(A)					
	식용유(B)					

[1] 모래알 같은, 질깃한, 촉촉한, 거친 등

[2] 5점 척도법으로 평가할 것

결과 고찰

실생활에 응용

버터와 마가린, 쇼트닝 등을 이용해 다양한 제빵 제품을 만들어 본다.

실험 4

식품의 종류 및 튀김 온도에 따른 흡유량 비교

튀김 재료로 흔히 사용되는 식빵과 약과를 각각의 온도로 튀긴 후 흡유량을 측정한다.

BACKGROUND

튀김 요리를 하다 보면 기름의 양이 감소하는데 가장 큰 원인은 식품에 기름이 흡수되기 때문이다. 튀긴 음식에서 기호성을 결정하는 중요한 요소는 흡유량인데 흡유량이 지나치게 많으면 입 안에서의 느낌과 맛이 나빠지며 소화되는 시간이 길어진다. 흡유량을 결정하는 요인은 기름의 온도와 가열 시간, 재료의 표면적, 재료의 성분과 성질 등이 있다.

KEYWORDS

흡유량 기름을 사용한 식품 조리 시 최종적으로 식품에 흡수되는 기름의 양

재료

식빵(2×2×0.5 cm) 3장
밀가루 100 g, 계핏가루 5 g, 참기름 30 g
생강즙 15 g, 소금 2 g, 청주 30 g
시럽 100 g, 튀김용 기름 200 g

기구 및 도구

튀김용기, 반죽용기
온도계, 시계
저울, 방망이

실험 방법

식빵

2×2×0.5 cm로 자른 식빵을 3그룹으로 나누어 무게를 재고, 제시된 온도에서 갈색이 날 때까지 튀긴다.

약과

1 밀가루는 소금을 넣고 체에 내려서 참기름을 넣어 고루 비벼서 섞는다.

2 작은 그릇에 생강즙, 꿀, 술을 고루 섞어서 기름을 먹인 밀가루에 고루 끼얹어서 반죽한다. 뭉치면서 덩어리가 되도록 눌러 반죽을 한다.

3 반죽을 너무 치대지 말고 방망이로 0.5 cm 두께 정도로 밀어 2×2 cm로 썰어놓는다.

4 썰어놓은 반죽을 4그룹으로 나누어 무게를 재고 제시된 온도로 튀긴다. 적당한 갈색으로 튀겨지면 소요 시간과 무게를 측정한다.

$$\text{흡유율(\%)} = \frac{\text{튀김 후 무게} - \text{튀김 전 무게}}{\text{튀김 전 무게}} \times 100$$

실험 결과

튀김 온도에 따른 식빵과 약과의 흡유량 비교

식품 종류	튀김온도(℃)	무게		흡유율(%)	튀김시간	기름 침투 정도[1]	기호성[2]
		조리 전	조리 후				
식빵	160~170						
	175~185						
	190~200						
약과	130~140						
	145~155						
	160~170						
	175~185						

[1] 면을 잘라 내부의 기름 침투 정도를 표현할 것

[2] 5점 척도법으로 평가할 것

결과 고찰

실생활에 응용

약과는 한국식 페이스트리라 할 수 있는데 밀가루와 참기름을 차갑게 준비해서 사용하면 더 좋다. 약과를 튀긴 후 시럽에 담그는데, 시럽은 설탕과 물을 동량으로 넣고 분량이 반이 될 때까지 끓인다. 계핏가루와 생강즙을 첨가하면 특유의 향을 즐길 수 있다.

제9장

채소류

채소류는 수분함량이 80~95%로 독특한 색과 질감으로 식욕을 증가시키며, 다양한 비타민과 무기질을 섭취할 수 있게 하는 중요한 식재료이다. 식용하는 부위에 따라 엽채, 과채, 근채, 경채 그리고 화채류로 나뉘며 현대인의 건강에 중요한 역할을 한다. 채소류의 구성 성분 및 영영가는 부위에 따라 차이가 크고 다양한 향미 성분을 지니고 있어 조리 과정에서 다양한 향과 맛을 유지하도록 한다. 특히 섬유소의 경우 조리 조건에 따라 질감이 달라지므로 조리 과정에서 일어나는 변화에 대해 주의할 필요가 있다.

학습목표

1. pH의 변화에 따른 채소 색소의 반응과 질감의 변화를 안다.
2. 조리 방법에 따른 조리 시간과 맛의 변화를 비교한다.
3. 채소류의 크기에 따라 조리 시 소요되는 시간과 이에 따른 맛의 차이를 비교한다.
4. 채소류의 데친 후의 무게 변화와 처리 방법에 따른 차이를 비교한다.
5. 식염 농도와 시간에 따라 유출되는 채소류의 수분량을 측정하고 질감의 변화를 본다.

실험내용

실험 ① 채소류의 pH에 따른 색과 질감 변화

실험 ② 채소류의 조리 방법에 따른 조리 시간과 맛 비교

실험 ③ 채소류의 크기에 따른 조리 시간과 맛 비교

실험 ④ 녹색채소류의 데친 후 무게 변화와 처리 방법에 따른 변화

실험 ⑤ 식염 농도에 따른 채소류의 수분 유출 정도와 질감 비교

실험 1

채소류의 pH에 따른 색과 질감 변화

pH의 변화에 따른 채소 색소의 반응과 질감의 변화를 알아본다.

BACKGROUND

엽록소(chlorophyll)는 녹색채소의 잎에 많이 들어있으며 지용성 색소로서 물에 녹지 않으나 산이나 알칼리 또는 가열에 의해 변색이 많이 일어난다. 엽록소의 경우 산성 용액에서 가열하면 페오피틴(pheophytin)을 형성하여 녹황색을 띠게 된다. 카로티노이드(carotenoid)계는 카로틴(carotine)류와 크산토필(xanthophyll)류로 나뉘고 비교적 열이나 pH에 안정적이다. 안토사이아닌계(anthocyanins)는 산성 용액에서 붉은색을 띠고 중성에서는 보라색 그리고 알칼리성 용액에서는 청색을 띤다. 주석, 철, 알루미늄 등의 금속과 반응하여 암청회색이나 적갈색으로 변화한다. 안토잔틴계(anthoxanthins)는 조리 시 산에 의해 더욱 더 선명한 흰색이 되며 알칼리에는 담황색으로 변한다.

KEYWORDS

클로로필(chlorophyll) 식물의 세포 내 엽록소에 존재하는 지용성 색소

카로티노이드(carotenoid) 녹색채소의 엽록체에 엽록소와 함께 존재하며 오렌지색, 황색 또는 황적색을 나타내는 색소

플라보노이드(flavonoid) 플라보노이드계 색소는 안토사이아닌계와 안토잔틴계 색소로 나뉨

안토사이아닌(anthocyanins) 적자색을 지닌 식물성 색소로 수용성

안토잔틴(anthoxanthins) 채소류에 백색을 지닌 색소

재료

녹색채소(시금치) 100 g
등황색채소(당근) 100 g
적색채소(비트 또는 자색 양배추) 100 g
백색채소(무 또는 양파) 100 g
소금, 레몬주스(40 mL), 베이킹소다 4 g

기구 및 도구

접시(15 cm) 4개
계량컵, 유리컵

실험 방법

1 주된 색깔별 채소 한 가지씩을 각각 100 g씩 준비한다.

2 채소를 씻고, 외피와 두꺼운 줄기, 기타 흠집 부위를 제거한 후 균일한 크기로 잘라 고루 섞는다.

3 같은 분량씩 4군으로 나누고 소금물(연수 200 mL, 소금 2 g)에 넣어 다음에 제시한 조리 방법대로 아삭해질 때까지 가열한다.

4 익힌 채소를 접시에 담고, 조리수는 계량컵에 따른 다음 물을 가해 200 mL로 맞추고 고루 섞어 그중 일부를 유리컵에 따른다.

5 채소와 조리수의 색과 채소의 질감을 평가한다.

조리 방법

방법 A 뚜껑을 열고 익힌다.

방법 B 뚜껑을 닫고 익힌다.

방법 C 10 mL의 레몬주스를 가하고 익힌다.

방법 D 1 g의 베이킹소다를 가하고 익힌다.

실험 결과

조리수의 pH가 채소의 색과 질감에 미치는 영향

사용 채소류 / 조리 방법	클로로필		카로티노이드		안토사이아닌		안토잔틴	
	색[1]	질감[2]	색	질감	색	질감	색	질감
방법 A								

사용 채소류 / 조리 방법	클로로필		카로티노이드		안토사이아닌		안토잔틴	
	색[1]	질감[2]	색	질감	색	질감	색	질감
방법 B								
방법 C								
방법 D								

[1] 빨강, 오렌지, 노랑, 녹색, 파랑, 보라, 하양 등으로 표시함

[2] 바삭바삭함, 크런치, 질김, 섬유소 씹는 느낌, 부드러움, 뭉그러짐

결과 고찰

실생활에 응용

당근을 물에 삶을 때보다는 기름에 볶을 때 더 많은 색소가 나오게 되는데 이는 카로티노이드의 색소 특성이 지용성이기 때문이다.

실험 2

채소류의 조리 방법에 따른 조리 시간과 맛 비교

조리 방법에 따른 조리 시간과 맛의 변화를 비교한다.

BACKGROUND

채소류의 습열조리 시 열이 가해짐에 따라 원형질막이 변형·파괴되어 세포 내외막의 액체 교류가 일어나게 되며 채소의 투명도가 증가하게 된다. 더 가열하게 되면 선택적 투과성이 없어지게 되면서 세포는 사멸하게 된다. 이로써 세포 내의 수분을 잃게 되어 형태를 잃게 된다. 건열조리인 굽기 등을 할 때에는 세포 내 용액들의 손실이 많으며 표면 캐러멜화를 통해 향과 맛이 증진된다. 볶기는 기름을 첨가하게 되어 지용성 성분의 용출이 가능하고, 튀기기는 단시간에 조리가 이루어지므로 영양소의 손실을 최소화할 수 있다.

전자레인지의 조리는 식품 자체 내에서 열을 발생하게 하는 조리 방법으로 채소류의 조직, 색, 영양 성분의 변화를 최소화할 수 있다.

KEYWORDS

습열조리 삶기, 데치기, 찌기 등의 수분을 열 매개체로 하여 조리하는 방식

건열조리 열을 전달하는 매체가 공기, 기름, 물로 구성되어 있으며 굽기, 로스팅, 볶기, 튀기기 등이 속함

복합조리 표면을 오븐에 굽거나 팬에 익힌 후 수분을 가하여 조리하는 방식

재료

녹색채소(시금치) 200 g
등황색채소(당근) 200 g
적색채소(비트 또는 자색양배추) 200 g
백색채소(무 또는 양파) 200 g
소금, 식용유

기구 및 도구

전자레인지, 오븐
냄비(지름 15 cm, 20 cm) 각각 1개
찜기, 프라이팬
전자레인지용 용기, 오븐용 용기
타이머

실험 방법

1 색깔별로 신선하고 연한 채소를 200 g씩 준비한다.

2 채소를 씻고 다듬어 일정한 크기로 자른 다음 잘 섞어 5등분한다.

3 각 채소를 다음의 5가지 방법으로 조리하고 1/4 tsp의 기름과 약간의 소금으로 간을 한다.

4 각 조리 방법별로 맛을 평가하고 총 조리 시간을 기록한다.

조리 방법

방법 A 삶기 또는 데치기

방법 B 찌기

방법 C 전자레인지 이용

방법 D 오븐 이용 굽기

방법 E 볶기

실험 결과

조리 방법이 채소류의 맛과 조리 시간에 미치는 영향

사용 채소류 / 조리 방법	클로로필		카로티노이드		안토사이아닌		안토잔틴	
	맛[1]	조리 시간 (분)	맛	조리 시간 (분)	맛	조리 시간 (분)	맛	조리 시간 (분)
삶기, 데치기								
찌기								
전자레인지 이용								
오븐 굽기								
볶기								

[1] 맛이 좋은 것부터 순위를 매김

결과 고찰

실생활에 응용

아린 맛, 쓴맛, 떫은맛 등은 물이나 식염수에 담그거나 끓는 물 혹은 쌀뜨물 등에 데치면 제거할 수 있다.

실험 3

채소류의 크기에 따른 조리 시간과 맛 비교

채소류의 크기에 따라 조리 시 소요되는 시간과 이에 따른 맛의 차이를 비교한다.

BACKGROUND

채소류의 크기에 따른 조리 시간을 파악하게 되면 유사한 크기의 채소류를 조리하는 경우 시간을 파악하여 조리에 적용하므로 시간과 노력을 최소화할 수 있고 최적의 질감과 향미를 유지할 수 있다.
또한 전분질이 많은 채소의 경우 조리 시 전분질이 유출될 수 있기 때문에 일정한 시간 안에 조리하는 것이 필요한데 적당한 조리 시간을 알면 이를 활용할 수 있어 편리하다.

KEYWORDS

향미 채소류의 향미 성분은 유기산, 당분, 무기질, 황화합물 등이 있음

재료

감자(중간 크기, 길쭉한 모양) 4개
소금

기구 및 도구

냄비(15 cm) 4개
타이머

실험 방법

1 같은 크기의 감자 4개를 씻어 껍질을 벗긴 후 다음의 방법대로 자른다.

2 끓는 소금물(물 500 mL, 소금 2 g)에 넣고 뚜껑을 덮어 약한 불에서 물러질 때까지 가열한다.

3 끓기 시작하면 조리 시간을 재고 풍미를 비교한다.

자르는 방법

방법 A 통째로 사용한다.

방법 B 세로로 반을 자른다.

방법 C 가로로 반을 자른다.

방법 D 0.5 cm 크기의 입방체로 자른다.

실험 결과

채소의 크기가 조리 시간과 맛에 미치는 영향

처리 방법	조리 시간(분)	풍미[1]
방법 A		
방법 B		
방법 C		
방법 D		

[1] 물 같은 맛, 순한 맛, 자체의 향미, 강한 향미

결과 고찰

실생활에 응용

호박이나 오이를 볶을 때 채 썰거나 적당한 크기로 잘라서 절여서 볶게 되면 표면적이 증가하여 휘발성 유기산이 빨리 날아가기 때문에 색의 변화를 막을 수 있다.

실험 4

녹색채소류의 데친 후 무게 변화와 처리 방법에 따른 변화

녹색채소류의 데친 후의 무게 변화와 처리 방법에 따른 차이를 비교한다.

BACKGROUND

녹색채소의 경우 색소를 최대한 유지하기 위해 끓는 물에 채소를 넣고 데칠 때 뚜껑을 열고 조리하면 휘발성 유기산이 휘발되고 유기산이 희석되어 조리수의 pH가 산성이 되는 것을 막아준다. 조리수의 양이 많으면 유기산이 희석되므로 다량의 조리 수에서 조리하도록 한다.

KEYWORDS

황화수소(H_2S) 배추, 무 등을 조리하는 과정에서 나오는 특이한 냄새의 원인

휘발성 유기산 휘발성이 있으며 산성을 나타내는 유기화합물임. 주로 동식물에서 얻음

재료

시금치(다듬은 것) 150 g
소금 10 g

기구 및 도구

냄비(15 cm) 3개
저울
타이머
체

실험 방법

1 다듬어 놓은 시금치를 씻어서 물기를 제거한다.

2 150 g의 시금치를 3등분하여 각각 50 g씩 끓는 1%의 소금물에 2~3분간 데친다.

3 다음에 제시된 3가지 방법대로 후처리한다.

4 각 무게를 측정하여 변화율을 구하고 색, 질감 등 풍미를 평가한다.

후처리 방법

방법 A 체에 건져 가볍게 짠 후 공기 중에서 식힌다.

방법 B 냉수에 담가 식힌다.

방법 C 조리수에 그대로 둔 채 식힌다.

실험 결과

채소의 데친 후 처리 방법에 따른 변화

후처리 방법	무게(g)			풍미		
	가열 전	가열 후	무게변화율(%)	색	질감	기타
방법 A						
방법 B						
방법 C						

결과 고찰

실생활에 응용

데친 채소를 얼음물에 담가 온도를 빨리 내리면 조직의 연화를 막고, 색을 유지할 수 있으며, 비타민 C의 용출을 막을 수 있다.

실험 5 식염 농도에 따른 채소류의 수분 유출 정도와 질감 비교

식염 농도와 시간에 따라 유출되는 채소류의 수분량을 측정하고 질감의 변화를 본다.

BACKGROUND

신선한 채소는 충분한 수분을 함유하고 있지만 확산에 의해 수분을 상실하게 되며 이에 따라 부피와 무게가 줄어들게 된다. 수분을 잃게 만드는 요인에는 자연 건조에 의한 경우도 있지만 조리 시에 첨가하는 염의 양에 따라서도 수분 유출 정도가 달라진다.

한국인의 선호 식품인 김치의 조리에 따른 수분 손실 정도를 파악해 본다.

KEYWORDS

확산 밀도 차이나 농도 차이에 의해 물질을 이루고 있는 입자들이 스스로 운동하여 농도가 높은 쪽에서 낮은 쪽으로 분자가 퍼져 나가는 현상

수분 손실 신선한 채소류 등에서 수분이 공기 중으로 이동되어 시들거나 삼투압 작용 등의 물리적인 현상에 의해 수분이 이동되는 현상

재료

무 150 g
배추 150 g
소금 5 g

기구 및 도구

저울, 타이머

실험 방법

1 무는 5×0.5×0.5 cm, 배추는 2 cm 길이로 썬다.

2 각 50 g씩 계량한 후 0.5 g, 1.5 g, 2.5 g의 식염을 첨가하여 30분간 방치한다.

3 물기를 제거한 후 무게를 측정하고 질감을 관찰한다.

실험 결과

식염 농도에 따른 채소의 수분량 변화

처리 방법		무게(g)			질감	
		소금 첨가 전	소금 첨가 후	감소율(%)	소금 첨가 전	소금 첨가 후
소금 0.5 g	무					
	배추					
소금 1.5 g	무					
	배추					
소금 2.5 g	무					
	배추					

결과 고찰

실생활에 응용

대부분의 채소는 90% 이상의 수분을 지니고 있어 식염이 첨가되면 삼투압 현상에 의해 수분이 빠져나오게 된다. 이러한 현상에 의해 식염을 이용하여 수분을 제거한 후 양념을 하면 조리 시 맛이 연해지는 문제점을 해결할 수 있다.

제10장

과일류

과일은 당분과 유기산의 함량이 높고 단맛과 신선한 신맛을 지니고 있으며, 향기로운 냄새와 아삭거리는 질감 그리고 다양한 색을 지니고 있다. 과일은 숙성될수록 조직이 부드러워지며 향을 지니게 된다.
이용 시에는 주로 생으로 먹지만 냉동하거나 설탕을 첨가하여 조리하여 먹기도 한다. 과일은 전처리나 조리 과정에서 변화가 쉽게 일어나므로 이들의 특성을 파악하여 최고의 품질을 유지하는 것이 필요하다.

학 습 목 표

1. 다양한 과일의 외부 내부를 관찰하고 조직감 등을 파악한다.
2. 과일을 깎았을 때 나타나는 효소적 갈변 현상의 억제 방법을 안다.
3. 설탕을 첨가하는 시기에 따른 과일의 변화를 안다.
4. 설탕의 첨가량에 따른 과일 조리 시 변화를 안다

실 험 내 용

실험 ① 여러 가지 과일의 특성 비교

실험 ② 과일의 효소적 갈변 현상 억제 방법

실험 ③ 과일 조리 시 설탕 첨가 시기에 따른 변화

실험 ④ 과일 조리 시 설탕 첨가량에 따른 변화

실험 1

여러 가지 과일의 특성 비교

다양한 과일의 외부와 내부를 관찰하고 조직감 등을 파악한다.

BACKGROUND

과일은 핵과류, 장과류, 인과류, 열대과일류, 과채류, 견과류로 분류가 가능하다. 핵과류는 씨방이 성장하고 발달하여 내부에 딱딱한 핵층을 이루고 있으며 살구, 복숭아 등이 여기에 속한다. 장과류는 내과피와 중과피로 구성되어 있으며 딸기, 포도 등이 속한다. 인과류는 꽃받침이 발달하여 성장한 것으로 배, 사과 등이 있다. 열대과일류는 열대나 아열대 지역에 분포하는 과일로 냉장보관을 하는 경우 냉해를 입게 된다. 과채류는 1년생 과실로 토마토, 수박, 참외 등이 있고, 견과류는 과육의 표면이 단단한 외피로 구성된 것으로 호두, 잣 등이 있다.

KEYWORDS

색소체 엽록체, 백색체, 크로모플라스트 등의 색소체들이 종류에 따라 분포되어 있음

세포벽 과일의 세포벽은 셀룰로스가 부드러운 질감은 주며 리그닌은 조직을 질기고 딱딱하게 만듦

재료

인과류(사과, 배)
핵과류(살구, 복숭아, 자두)
장과류(포도, 딸기)
열대과일류(바나나, 아보카도, 키위, 파인애플)

기구 및 도구

접시(지름 15 cm)

실험 방법

1 다양한 과일들을 세척한 후 일부는 껍질을 벗겨 준비한다.

2 접시에 담아 껍질을 제거한 것과 제거하지 않은 것을 비교해 본다.

3 각 과일의 색과 조직감, 풍미 등을 비교, 관찰한다.

실험 결과

각종 과일류의 특성

과일 종류	외부 색	내부 색	조직감 및 질감[1]	풍미[2]	선호도[3]

[1] 입자가 느껴짐, 섬유소가 있음, 진이 나옴, 나무줄기 같은 느낌, 부드러움, 매우 부드러움, 단단함, 매우 단단함, 뭉그러짐, 부스러기가 있음, 질김

[2] 익지 않음, 단맛, 수렴성의 맛, 견과류의 맛, 맛이 복합적임, 천연의 맛, 전분 맛, 쓴맛, 강한 맛

[3] 선호도 순으로 숫자로 표기

결과 고찰

실생활에 응용

과일은 숙성 적기에 맛과 향이 최고에 달하며 완전 숙성된 후 시간이 경과할수록 수분이 증발하여 무게가 감소하고 색이 변화된다.

과일의 효소적 갈변 현상 억제 방법

과일을 깎았을 때 나타나는 효소적 갈변 현상의 억제 방법을 알아본다.

BACKGROUND

과일의 껍질을 깎은 후 시간이 지나면 표면이 갈색으로 변하는데 이는 과일 표면에 존재하는 폴리페놀 산화효소(polyphenol oxidase)가 활성화되어 효소적 갈변을 일으키기 때문이다. 이들의 갈변을 위한 최적 pH는 5.7~6.8이며 과일의 표면을 용액에 코팅하거나 설탕을 뿌리게 되면 산소와의 접촉을 막게 되어 갈변을 방지할 수 있다. 또한 항산화 기능을 지닌 물질을 이용하여 갈변을 억제하기도 한다.

KEYWORDS

폴리페놀 물질 하이드록시기를 2개 이상 갖고 있는 물질로 사과, 바나나, 배 등의 과일류의 조직이 파손되거나 껍질이 제거되어 공기 중에 노출된 경우 갈색을 내는 물질

재료

사과, 배, 복숭아, 바나나 등 쉽게 갈변하는 과일 각 100 g씩
레몬주스 5 mL
파인애플주스 200 mL
10% 비타민 C 용액 (비타민 C 20 g, 물 200 mL)
20% 설탕용액(백설탕 40 g, 물 200 mL)

기구 및 도구

유리 볼 6개
접시 6개

실험 방법

1 껍질을 벗긴 과일들을 얇게 잘라 다음의 6가지 방법으로 준비한다.

2 약 1시간 정도 실온에 방치한 후 단면의 색과 과실의 풍미 변화 여부를 관찰한다.

처리 방법

방법 A 아무런 처리를 하지 않는다.

방법 B 희석한 레몬주스(레몬주스 5 mL + 물 15 mL)에 담갔다 꺼낸다.

방법 C 파인애플주스에 담갔다 꺼낸다.

방법 D 비타민 C 용액(10%)에 담갔다 꺼낸다.

방법 E 설탕용액(20%)에 담갔다 꺼낸다.

방법 F 설탕을 표면에 드문드문 뿌린다.

실험 결과

조리 방법이 채소류의 맛과 조리 시간에 미치는 영향

과일 종류 및 변화 / 처리 방법												
	단면[1] 색	풍미[1] 변화	단면 색	풍미 변화	단면 색	풍미 변화	단면 색	풍미 변화	단면 색	풍미 변화	단면 색	풍미 변화
방법 A												
방법 B												
방법 C												
방법 C												
방법 D												
방법 E												
방법 F												

1) 변화된 순서에 따라 순위 표시

결과 고찰

실생활에 응용

갈변 효소가 활성화되는 최적온도는 40℃이므로 과일을 냉장고에 넣어 두면 갈변 최적온도를 피하게 되어 갈변을 지연할 수 있다.

실험 3

과일 조리 시 설탕 첨가 시기에 따른 변화

설탕을 첨가하는 시기에 따른 과일의 변화를 알아본다.

BACKGROUND

과일을 물에 넣고 가열하면 섬유소는 연화되고 세포막은 변성을 하여 투과성을 잃게 된다. 가열 과정에서 조직은 내부 수분에 의한 증기로 인하여 물 위에 떠 있게 되고 가열을 중단하면 다시 바닥에 가라앉게 된다. 이러한 과정에서 과일의 조직은 점차 더 연화된다.

설탕을 첨가하는 경우 조직의 연화를 지연하게 되는데 설탕이 펙틴의 용해를 저해하기 때문이다. 또한 과일을 오래 가열하게 되면 유기산이 휘발하게 되어 향미가 저하된다.

KEYWORDS

투과성 물질이나 구조상에 액체나 기체의 확산시 구조가 물질의 통과나 침입을 허용하는 것

조직 연화 가열에 의해 세포와 세포를 연결하는 불용성 프로토펙틴이 수용성 펙틴으로 변하여 세포 간 접착을 약하게 하는 것

재료

사과 1개
백설탕 100 g

기구 및 도구

냄비(지름 15 cm) 3개

실험 방법

1 사과 껍질을 벗겨 6등분하고 속을 파낸 후 2조각씩 3군으로 나눈다.

2 3개의 작은 냄비에 각각 사과 2조각, 끓는 물 200 mL를 넣고 뚜껑을 덮어 끓이면서 아래에 제시한 방법대로 설탕을 첨가하여 가열한다.

3 끓으면 약한 불에서 계속 가열하여 사과가 모양을 유지하면서 부드럽게 물러지면 불에서 내리고 접시에 담는다.

4 식힌 후 외관, 질감 및 풍미를 평가한다. 또한 시럽의 풍미에 대해서도 평가한다.

설탕 첨가 시기

방법 A 처음부터 끓는 물에 설탕 20 g을 넣고 가열한다.

방법 B 끓는 물에 사과만 넣고 약 5분 정도 가열하여 사과가 어느 정도 물러지면 20 g의 설탕을 넣고 계속 가열한다.

방법 C 끓는 물에 사과만 넣고 사과가 완전히 물러지면 20 g의 설탕을 냄비에 남아 있는 용액에 용해시킨다.

실험 결과

설탕 첨가 시기가 사과의 외관, 질감 및 풍미에 미치는 영향

설탕 첨가 시기	외관	질감[1]	풍미	
			시럽[2]	과일[3]
방법 A				
방법 B				
방법 C				

[1] 부드러움, 입자가 느껴짐, 섬유소가 느껴짐, 부드러움, 질김

[2] 풍미가 좋은 순으로 순위 평가

[3] 덜 익은 맛, 달콤한 맛, 수렴성의 맛, 전분 맛, 천연의 맛, 수분이 많은 맛

결과 고찰

실생활에 응용

과일 조리 시 소량의 설탕을 넣고 가열하게 되면 조직의 연화를 막아 질감을 유지할 수 있다.

실험 4

과일 조리 시 설탕 첨가량에 따른 변화

설탕의 첨가량에 따른 과일 조리 시 변화를 알아본다.

BACKGROUND

과량의 설탕은 조직의 연화를 막아 질감을 유지하도록 돕는다. 따라서 설탕의 첨가량에 따라 세포 간에 견고히 부착되어 있는 프로토펙틴(protopectin)이 펙틴으로 전환되는 것이 저해된다.

KEYWORDS

펙틴 세포벽의 섬유소와 헤미셀룰로스 사이, 세포와 세포 사이에 존재하는 물질로 산, 당과 함께 젤리를 형성

프로토펙틴 미성숙한 과일에 존재하며 가열 시 프로토펙틴이 펙틴으로 분해되어 조직이 물러짐

재료

배(작은 것) 1개
설탕 70 g

기구 및 도구

냄비(지름 15 cm) 4개

실험 방법

1 작은 크기의 배 1개를 껍질을 깎고 8등분한 후 속을 제거하고 다시 반으로 나누어 이를 4조각씩 4군으로 나눈다.

2 다음과 같이 4가지로 설탕의 양을 달리하여 배숙을 만든다.

3 배가 물러지면 불에서 내리고 식힌 후 외관, 질감 및 풍미를 평가한다.

설탕 첨가량

방법 A 200 mL의 물을 사용한다.

방법 B 200 mL의 물과 10 g의 설탕을 사용한다.

방법 C 200 mL의 물과 20 g의 설탕을 사용한다.

방법 D 200 mL의 물과 40 g의 설탕을 사용한다.

실험 결과

설탕 첨가량이 배숙의 외관, 질감 및 풍미에 미치는 영향

설탕 첨가량	외관	질감[1]	풍미[2]
방법 A			
방법 B			
방법 C			
방법 D			

[1] 부드러움, 입자가 느껴짐, 섬유소가 느껴짐, 부드러움, 질김

[2] 덜 익은 맛, 달콤한 맛, 수렴성의 맛, 전분 맛, 천연의 맛, 수분이 많은 맛

결과 고찰

실생활에 응용

과일 종류에 따라 연화 속도나 연화 정도의 차이가 있고, 조리 속도가 느리면 형태를 더 잘 유지하는 경향이 있다.

제11장

한천 및 해조류

우리나라는 삼면이 바다에 접해 식용으로 사용할 수 있는 해조류의 종류가 약 50여 종에 이른다. 해조류의 주성분은 복합다당류로 가수분해하면 포도당, 만노스, 갈락토스, 과당, 푸코스, 자일로스, 아라비노스, 유로닉산 등으로 분해된다. 나트륨, 칼슘, 인, 철 그리고 요오드 등의 무기질이 풍부하게 함유되어 있다.

학 습 목 표

1. 시판되는 다양한 해조류의 외관, 맛, 향을 관찰하고 조직감 등을 파악한다.
2. 한천을 이용하여 젤리를 만들고 설탕의 양을 달리하였을 때의 특성을 안다.
3. 한천용액에 설탕이나 과즙을 가했을 때 젤리의 성상이 변화하는 것을 관찰한다.

실 험 내 용

실험 ① 여러 가지 해조류의 특성 비교

실험 ② 설탕의 양에 따른 과일 젤리의 특성

실험 ③ 한천 젤리에 첨가물이 미치는 영향

실험 1

여러 가지 해조류의 특성 비교

시판되는 다양한 해조류의 외관, 맛, 향을 관찰하고 조직감 등을 파악한다.

BACKGROUND

해조류의 탄수화물은 비소화성 복합다당류로 식이섬유소를 가진 식품이다. 비타민, 무기질이 풍부하고 독특한 맛과 향기가 있어 기호식품으로서의 가치를 지니고 있으며, 생육 환경에 따라 녹조류, 갈조류 및 홍조류로 구분된다. 이들 해조류에는 클로로필, 카로티노이드, 피코에리트린 등의 여러 가지 색소가 있다.

KEYWORDS

녹조류(green algae) 엽록소를 가지고 있어 녹색을 띰. 파래, 청각 등이 해당

갈조류(brown algae) 녹갈색, 담갈색을 띤 해조류. 미역, 다시마, 톳 등이 해당

홍조류(red algae) 붉은색의 피코에리트린과 그 외 엽록소, 카로티노이드 함유. 김 등이 해당

재료

파래, 청각 중 1종류
미역, 다시마, 톳 중 1종류
김, 한천 중 1종류

기구 및 도구

접시 3개

실험 방법

1 시판되는 다양한 해조류들을 세척하여 준비한다.

2 접시에 담아 다양한 해조류들의 색, 조직감 등을 비교해 본다.

실험 결과

각종 해조류의 특성

해조류 종류	색	조직감 및 질감[1]	풍미[2]	선호도[3]

[1] 부드러움, 입자가 느껴짐, 섬유소가 있음, 진이 나옴, 나무줄기 같은 느낌, 부드러움, 매우 부드러움, 단단함, 매우 단단함, 뭉그러짐, 부스러기가 있음, 질김

[2] 덜 익은 맛, 단맛, 수렴성의 맛, 견과류의 맛, 복합적인 맛, 천연의 맛, 전분 맛, 쓴맛, 강한 맛

[3] 가장 만족스러운 것을 우선으로 하여 순위 평가

결과 고찰

실생활에 응용

해조류는 건조 상태로 구입하는 경우가 많으므로 조리 시 수분흡수량 및 부피 변화를 고려하여 사용한다.

실험 2

설탕의 양에 따른 과일 젤리의 특성

한천을 이용하여 젤리를 만들고 설탕의 양을 달리하였을 때의 특성을 알아본다.

BACKGROUND

한천 젤에 설탕을 첨가하게 되면 점성과 탄성이 증가하고 투명도가 증가하게 된다. 설탕 농도가 높을수록 젤의 강도가 증가하며 투명도는 육안으로 보는 것 이외에 빛의 투과도를 높이는 효과를 나타낸다.

KEYWORDS

젤의 강도 형성된 젤의 단단한 정도. 한천의 농도가 일정할 때 설탕의 첨가량이 많을수록 젤의 강도가 높아짐

재료

귤 5~6개(귤즙 300 mL)
한천 5 g
백설탕 120 g

기구 및 도구

거품기
유리볼(굳힐 때 사용)

실험 방법

1 밀감즙을 각 100 mL씩 3개 준비한다.
2 각각의 과즙에 20 g, 40 g, 60 g의 설탕을 넣고 5분간 끓인 후 식힌다.
3 끓는 물 1 C에 한천 5 g을 완전히 녹여 2의 과일즙에 60 mL씩 넣어 혼합한다.
4 냉장실에서 젤이 형성될 때까지 응고시킨 후 색, 맛, 응고성, 기호도를 평가한다.

실험 결과

설탕 양에 따른 젤리의 특성

처리 방법	색[1]	맛[1]	응고성[1]	기호성[1]
20 g의 설탕				
40 g의 설탕				
60 g의 설탕				

[1] 순위 평가

결과 고찰

실생활에 응용

한천은 낮은 농도에서도 젤을 형성하는 능력이 우수하고 높은 온도에서도 잘 견뎌 식품에 다양하게 이용된다. 한천 젤에 설탕을 첨가하면 탄력, 점성뿐 아니라 투명감도 증가된다. 한천을 제대로 녹이지 않고 굳히면 질감이 나빠지므로 조리 시 완전히 녹이는 게 중요하다.

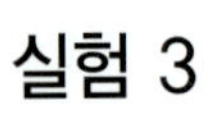

실험 3 한천 젤리에 첨가물이 미치는 영향

한천용액에 설탕이나 과즙을 가했을 때 젤리의 성상이 변화하는 것을 관찰한다.

BACKGROUND

한천 젤에 설탕 이외의 과즙, 우유, 팥 앙금 등을 첨가하게 되면 과즙의 경우 유기산이 가수분해를 일으켜 젤의 강도가 저하된다. 우유의 경우 다량을 넣으면 우유 중의 지방과 단백질이 젤의 구조를 약화시킨다.

KEYWORDS

이장 현상 젤을 방치하여 젤의 구조에서 액체가 빠져나오는 현상

재료

귤 5~6개(귤즙 300 mL)
한천 5 g
백설탕 120 g

기구 및 도구

거품기
유리볼(굳힐 때 사용)

실험 방법

1 냄비 4개에 각각 1 g씩의 한천을 넣는다.

2 각 냄비를 다음에 제시한 4가지 방법으로 조리한다.

3 각각의 것을 20℃의 물속에 1시간 동안 담가 두어 식힌다.

4 단단한 정도, 질감, 맛을 비교한다.

처리 방법

방법 A 물 150 mL를 넣어 녹여서 100 mL가 될 때까지 가열한다.

방법 B 물 150 mL에 설탕 20 g을 넣어 녹여서 100 mL가 될 때까지 가열한다.

방법 C 물 150 mL에 설탕 20 g을 넣어 녹여서 80 mL가 될 때까지 가열한 후 60℃로 냉각하여 레몬즙 20 mL를 넣어서 잘 섞는다.

방법 D 물 150 mL에 설탕 20 g과 레몬즙 20 mL를 넣어서 100 mL가 될 때까지 가열한다.

실험 결과

첨가 재료의 비율이 한천 젤리의 특성에 미치는 영향

처리 방법	단단한 정도[1]	질감[2]	맛[1]
방법 A			
방법 B			
방법 C			
방법 D			

1) 순위로 표기

2) 뭉그러짐, 매우 부드러움, 부드러움, 입자가 느껴짐, 단단함, 매우 단단함

결과 고찰

실생활에 응용

과즙이 포함된 한천 젤을 만들 때 한천을 가열 후 용해시켜 60℃까지 식혀서 과즙을 첨가하는 것이 바람직하다. 산이 처음부터 첨가되면 유기산의 작용에 의해 젤의 강도가 약해져 망상구조를 형성하는 것을 방해하기 때문이다.

제12장

수조육류

수육류는 포유동물의 가식부를 말한다. 우리나라에서 주로 식용하는 수육류는 쇠고기, 돼지고기이며 그 외에 염소, 양, 토끼, 말, 물소 등의 육류를 식용하기도 한다.

조육류에는 닭, 칠면조, 오리, 거위, 메추리, 타조, 꿩 등이 있으며 우리나라에서 가장 보편적으로 사용하는 조육은 닭고기이다. 최근에는 오리고기의 섭취도 증가하고 있다.

수조육류의 조리에서는 적합한 부위를 선택하여, 육류 자체의 다즙성을 보유하고 질감을 부드럽게 하는 조리법이 중요하다.

학습목표

1. 쇠고기의 부위별 특징을 알 수 있다.
2. 조리 온도를 달리했을 때 쇠고기의 질감 및 맛의 차이를 알 수 있다.
3. 습열조리 시 육류의 형태와 조리수의 온도를 달리하여 비교해 보고 음식에 가장 적합한 방법을 알 수 있다.
4. 질긴 육류를 부드럽게 할 수 있는 조리 방법을 알 수 있다.

실험내용

실험 ① 육류의 부위별 특징 및 연도

실험 ② 건열조리 시 온도에 따른 육류의 품질 특성

실험 ③ 습열조리 시 육류의 크기와 조리수 온도에 따른 품질 특성

실험 ④ 연화 방법에 따른 육류의 질감 변화 비교

실험 1

육류의 부위별 특징 및 연도

시판되는 쇠고기의 부위별 특징 및 연도 등을 알 수 있다.

BACKGROUND

육류는 근육조직, 결체조직, 지방조직, 골격으로 구성되어 있다. 우리가 주로 식용하는 근육은 가늘고 긴 근섬유로 구성되어 있으며 근섬유 내에는 점도가 높은 액체가 들어 있다. 이 액체를 근장이라고 부르는데 여기에는 무기질, 비타민류, 효소, 색소인 미오글로빈 및 단백질이 용해되어 있다. 지방조직은 피하, 복부, 장기, 또는 근육 사이 등에 분포하는데 동물의 종류에 따라 차이가 있어 돼지는 주로 피하에 존재하고 소는 피하와 근육 사이에 존재한다. 쇠고기 근육 내에 작은 백색 반점같이 산재되어 있는 지방조직을 근내 지방(마블링)이라고 하며 적당히 산재되어 있는 마블링은 육질을 부드럽게 하는 데 기여한다. 육류의 부위는 근육의 색과 지방조직의 특성과 양, 근육의 절단 부위, 뼈의 모양 등으로 식별할 수 있어 조리 목적에 따라 적합한 부위를 선택하도록 한다.

KEYWORDS

근섬유 육류의 근육을 구성하고 있는 성분으로 근원섬유로 이루어짐

근속 근섬유가 모여 근속을 형성하고 있으며 근속의 크기는 육의 질감과 상관성이 있어 크기가 클수록 질감이 거칢

재료

쇠고기 부위별 100 g씩

기구 및 도구

접시 7개

실험 방법

1 쇠고기를 부위별로 구매하여 근육조직의 형태 및 지방조직의 분포 정도를 관찰한다.

2 결 방향으로 절단한 면을 관찰하여 그 연한 정도를 부위별로 비교한다.

실험 결과

육류의 부위별 형태 및 연도 비교

육류 부위의 명칭	근육 및 지방 조직 형태	연한 정도의 예측[1]

[1] 가장 부드러운 것을 우선으로 하여 순위 평가

결과 고찰

실생활에 응용

쇠고기의 색은 윤기가 나는 선홍색이 좋다. 냉장 상태에서 숙성을 하면 고기 표면의 색이 암적색을 띠지만 새로 절단한 면이 밝으면 품질과 상관이 없다. 지방의 색은 흰색이나 연노란색을 띠고 있는 것이 바람직하며 흰색일수록 더 좋다. 질감은 마블링의 산재 정도에 따라 영향을 받는다. 마블링이 골고루 산재된 고기는 부드럽고 맛이 우수하다. 그러나 아무리 좋은 품질의 고기라도 적합한 조리법을 선택해야 좋은 맛을 낼 수 있다.

실험 2

건열조리 시 온도에 따른 육류의 품질 특성

조리 온도를 달리했을 때 쇠고기의 질감 및 맛의 차이를 알 수 있다.

BACKGROUND

건열조리는 수분이나 액체를 가하지 않고 익히는 방법을 말하며, 이 방법에 적합한 부위는 운동량이 많지 않은 질감이 부드러운 부위이다. 결체조직인 콜라겐은 건열에는 영향을 받지 않으므로 결체조직이 거의 없고 마블링이 잘 분포된 고기가 건열조리에 적합하다. 같은 부위라 하여도 가열 온도에 따라 질감과 맛에 차이가 있다. 가열 시 고기의 무게는 20~40%가 감소하는데 이는 육즙의 용출이나 수분 증발로 인한 것이다. 가열에 의해 단백질이 열변성되어 보수성이 감소하면서 액즙(drip)이 생성되고 물에 불용성인 지방도 고온에서는 용해되어 액즙의 일부가 되어 용출된다. 따라서 가열 시간이 길수록 다즙성이 떨어지고 지방 용출이 많아 풍미가 저하된다.

KEYWORDS

육류의 보수성 육류의 수분 중 근원섬유 단백질의 수화력에 의해 갇혀 있는 유리수는 고기의 pH, 숙성 기간, 변성, 분쇄, 조리 및 냉·해동 등에 영향을 받아 풍미에 영향을 미침

재료

쇠고기(안심 또는 등심) 600g

기구 및 도구

오븐
육류용 온도계(+350℃)
저울

실험 방법

1 쇠고기를 두께가 1 cm 이상 되게 하여 4등분으로 절단한 후 각각의 무게를 측정한다.

2 오븐 온도를 각각 160℃, 180℃, 200℃, 220℃로 예열하고 육류를 넣어 익힌다. 육류가 완전히 익었는지 알기 위해서는 육류용 온도계를 사용하여 내부 온도를 측정(77℃)한다.

3 가열 후 무게를 측정하여 조리 시 손실률을 산출한다.

$$\text{조리에 의한 손실률(\%)} = \frac{\text{조리 전 무게} - \text{조리 후 무게}}{\text{조리 전 무게}} \times 100$$

4 조리된 육류의 다즙성, 질감 및 맛을 포함한 전체적인 수응도를 평가한다.

실험 결과

건열조리 온도에 따른 육류의 조리 시간, 손실률 및 수응도 비교

오븐 온도 (℃)	내부 온도 (℃)	무게(g)		손실률(%)	조리 시간 (분)	다즙성[1]	질감[1]	전체적인 수응도[1]
		조리 전	조리 후					
160℃	77℃							
180℃	77℃							
200℃	77℃							
220℃	77℃							

[1] 순위 평가

결과 고찰

실생활에 응용

육류의 오븐 조리 시 매번 온도를 측정하여 익힘 정도를 판단하기 어렵고, 육류의 두께에 따라서도 가열 시간이 달라지므로 육류의 두께, 부위별 익힘 정도(rare, medium, well done)에 따라 가열 온도-시간 표를 만들어 이용하면 쉽게 오븐 조리를 할 수 있다.

실험 3

습열조리 시 육류의 크기와 조리수 온도에 따른 품질 특성

습열조리 시 육류의 크기와 물의 온도를 달리하여 비교해 보고 육수 제조에 가장 적합한 방법을 알 수 있다.

BACKGROUND

고기에 액체 또는 물을 가하거나 증기로 가열하는 습열조리 음식에는 육수, 탕, 국, 찜, 장조림 등이 있다. 결체조직이 많은 질긴 고기인 사태, 설도, 양지, 꼬리 등이 주로 이용되며, 결체조직 중의 콜라겐은 수분을 가하여 가열 시 젤라틴으로 변하여 부드러워진다. 메뉴의 주된 섭취가 육류인지 또는 육수인지에 따라 육류의 절단 크기 및 육류를 넣는 조리수의 온도를 달리해야 하므로 적합한 조리법을 선택해야 한다.

KEYWORDS

콜라겐 백색을 띤 직선상의 가는 섬유상으로 탄력성은 없음. 습열로 장시간 가열하면 수용성의 젤라틴으로 변함

재료

쇠고기(양지머리 또는 사태 덩어리) 600 g

기구 및 도구

계량컵
냄비 4개
저울

실험 방법

1 쇠고기를 결대로 4등분으로 절단하여 각각의 무게를 측정한다.
  2조각은 덩어리로, 2조각은 2×2×2 cm로 썰어놓는다.
2 냄비 4개에 물을 각각 1 L씩 넣어 준비하고 다음의 처리 방법대로 고기를 익힌다. 덩어리 상태의 육류는 포크 등으로 찔러보았을 때 핏물이 나오지 않고, 쉽게 뚫고 들어갈 수 있을 정도로 연해지면 다 익은 것이고 슬라이스한 육류는 핏물이 배어나오지 않고 양면이 회갈색이 되면 다 익은 것이다.
3 가열 처리 후 무게를 측정하여 조리 시 손실률을 산출한다.
4 조리된 육수와 육류의 수응도를 비교한다.

처리 방법

방법 A 물을 끓인 후 덩어리 고기를 넣고 익힌다.

방법 B 찬물에 덩어리 고기를 넣고 익힌다.

방법 C 물을 끓인 후 썰어놓은 고기를 넣고 익힌다.

방법 D 찬물에 썰어놓은 고기를 넣고 익힌다.

$$\text{조리에 의한 손실률(\%)} = \frac{\text{조리 전 무게} - \text{조리 후 무게}}{\text{조리 전 무게}} \times 100$$

실험 결과

육류의 크기와 조리수 온도에 따른 육수우 품질 변화

처리 방법	무게(g)		손실률(%)	조리 시간(분)	수응도[1]	
	조리 전	조리 후			고기	국물
방법 A						
방법 B						
방법 C						
방법 D						

[1] 가장 만족스러운 것을 우선으로 하여 순위 평가

결과 고찰

실생활에 응용

장조림, 갈비찜 등의 습열조리 시 고기를 충분히 익힌 후 양념을 넣어야 한다. 간장 등의 양념을 처음부터 넣고 조리면 아무리 장시간 끓여도 고기는 연해지지 않고 더욱 단단해진다. 이것은 간장 속의 염분이 가열 시간이 길어짐에 따라 더욱 농축됨으로써 삼투압이 높아져서 세포 내의 수분을 탈수시키는 동시에 염분이 스며들어 고기의 단백질이 수축하기 때문이다.

실험 4

연화 방법에 따른 육류의 질감 변화 비교

질긴 육류를 부드럽게 할 수 있는 조리 방법을 알 수 있다.

BACKGROUND

고기의 질감은 품질을 결정짓는 중요한 요소 중의 하나로 부위별, 연령, 성분 등의 자체 조건에 따라 차이가 있으며 조리 시 전처리와 가열 방법에 의해서도 달라진다. 전처리에 의한 연화 방법으로는 근섬유의 결을 짧게 해주는 기계적 방법과 수화에 의해 보수성을 높여주는 방법이 있다. 또한 단백질 분해효소 프로테이스를 함유한 부재료를 사용할 수도 있다. 파파야의 파파인, 파인애플의 브로멜린, 무화과의 피신, 키위의 액티니딘 등이 이에 속한다. 효소의 활성 온도 범위는 60~70℃이며 실온에서는 서서히 작용한다. 우리나라 육류 요리에는 배와 무를 많이 이용하는데 여기에도 프로테이스가 들어 있어 질감을 부드럽게 한다.

KEYWORDS

프로테이스(protease) 단백질 분해효소로 근섬유를 싸고 있는 결체조직을 분해

재료

쇠고기 300 g
시판 연육제 3 g
키위즙 20 g, 배즙 20 g
파인애플즙 20 g, 식용유

기구 및 도구

저울
팬 2개

실험 방법

1 쇠고기를 일정한 크기와 두께로 슬라이스하고 50 g씩 6군으로 나눈다.
2 각 군의 무게를 측정하고 아래와 같이 전처리한 후 30분간 방치한다.
3 팬에 기름을 두르고 육류를 익힌 후 무게를 측정하여 손실률을 산출하고 질감을 비교한다.

전처리 방법

방법 A 처리하지 않은 것

방법 B 두들기기

방법 C 육류를 넓게 펴고 연육제 3 g을 뿌림

방법 D 배즙 20 g에 담금

방법 E 파인애플즙 20 g에 담금

방법 F 키위즙 20 g에 담금

실험 결과

연화 방법에 따른 육류의 연화 효과

전처리 방법	무게(g)		손실률(%)	질감[1]
	조리 전	조리 후		
처리하지 않은 것				
두들기기				
연육제 3 g				
배즙 20 g				
파인애플즙 20 g				
키위즙 20 g				

[1] 가장 부드러운 것을 우선으로 하여 순위 평가

결과 고찰

실생활에 응용

과일류에 들어 있는 연육 효소는 일반적인 효소보다 활성 온도가 높다. 또한 효소의 종류에 따라 효소력이 다르고 육류 자체의 질감도 각각 다르므로 연화제의 양을 무게 대비 일정량으로 지정하기가 어렵다. 키위는 단백질 분해 효과가 다른 과일류보다 크므로 사용량에 주의하여야 한다.

제13장

어패류

어패류는 우수한 단백질 공급원이며 수조육류, 난류, 우유 및 유제품 등의 단백질보다 라이신의 함량이 많아 라이신이 부족한 곡류를 주식으로 하는 우리 식생활에 있어서 중요한 위치를 차지한다.

어패류는 사후 경직 시간이 짧고 부패가 빠르게 일어나므로 조리 시 신선도를 유지하는 것이 가장 중요하다. 어취의 정도에 따라 적합한 조리법을 선택하고 어취가 강한 생선은 여러 가지 재료를 이용하여 생선 비린내를 감소시킨다.

학습목표

1. 생선 비린내를 제거하는 데 이용되는 여러 가지 재료의 효과를 알 수 있다.
2. 건열조리 방법에 따른 어류의 특성을 알 수 있다.
3. 오징어의 전처리 방법에 따른 수축 정도를 알 수 있다.

실험내용

실험 ① 생선 비린내를 제거하는 재료의 효과 비교

실험 ② 건열조리 방법에 따른 어류의 특성 변화

실험 ③ 전처리 방법에 따른 오징어의 수축 비교

실험 1

생선 비린내를 제거하는 재료의 효과 비교

생선 비린내를 제거하는 데 이용되는 여러 가지 재료의 효과를 알아본다.

BACKGROUND

어패류는 독특한 냄새와 맛을 지니고 있다. 어취는 주로 어체의 근육 중의 수분과 혈액 중에 존재하며, 신선한 생선 특유의 냄새와 선도 저하에 의한 불쾌한 어취가 있다. 전자의 경우는 불쾌한 것은 아니며 주로 담수어에서 냄새가 더 강하다. 선도가 낮아짐에 따라서 불쾌한 냄새가 짙어지는 것은 생선의 사후 기간이 경과함에 따라 어체 표면에 세균이 번식하여 부패되기 때문이며, 어취의 강도는 트리메틸아민의 함량과 비례한다. 신선도가 떨어지면 트리메틸아민이 증가할 뿐 아니라 암모니아도 생성되어 비린내가 증가하며, 부패하면 황화수소, 인돌, 스카톨, 메틸메르캅탄 등이 생성되어 부패취의 원인이 된다.

어취가 강한 어류는 강한 향미를 가진 부재료나 흡착력이 있는 성분, 또는 산성 재료를 이용하여 알칼리성의 비린내 성분을 중화시키는 등의 조리 방법을 이용한다.

KEYWORDS

트리메틸아민(trimethylamine) 해수어가 살아있을 때 근육에 존재하는 트리메틸아민 산화물(trimethylamine oxide)로부터 사후 트리메틸아민 산화물 환원효소에 의해 생성되는 물질로 어취의 주요 성분

재료

고등어(포를 뜬 형태) 500 g
레몬즙 20 g, 술(청주) 20 g
마늘즙 10 g, 우유 20 g

기구 및 도구

팬 5개

실험 방법

1 고등어를 100 g씩 5군으로 나누어 다음과 같이 전처리하여 30분간 방치한다.

2 물에 씻은 후 물기를 제거하고 팬에 굽는다.

3 비린내를 포함한 품질을 비교한다.

전처리 방법

방법 A 아무 처리도 하지 않는다.

방법 B 레몬즙 20 g을 생선 표면에 바른다.

방법 C 술 20 g을 생선 표면에 바른다.

방법 D 마늘즙 10 g을 생선 표면에 바른다.

방법 E 우유 20 g을 생선 표면에 바른다.

실험 결과

생선 비린내를 제거하는 재료의 효과 비교

전처리 방법	비린내[1]	질감[1]	맛[1]	수응도[1]
무처리				
레몬즙 20 g				
술 20 g				
마늘즙 10 g				
우유 20 g				

[1] 가장 만족스러운 것을 우선으로 하여 순위 평가

결과 고찰

실생활에 응용

생선 비린내를 제거할 때 서양조리에서는 화이트와인이나 우유를, 동양조리에서는 청주를 많이 이용한다. 술은 비린내 제거뿐만 아니라 조리 시 향과 맛을 향상시키기도 한다. 한식에서는 비린내가 강한 생선은 흡착력이 강한 고추장, 된장 등을 이용한 조리 방법을 많이 이용한다. 생선구이나 전 등의 조리 시에는 간을 목적으로 소금을 뿌려 두는데 시간이 경과하면 삼투압에 의해 비린내 성분이 수분과 함께 빠져나오므로 채반 등에 얹거나 조리 전 수분을 닦아내는 것이 좋다.

실험 2

건열조리 방법에 따른 어류의 특성 변화

건열조리 방법에 따른 어류의 특성을 알 수 있다.

BACKGROUND

건열조리인 구이는 열원 전달에 따라 직화구이와 간접구이로 구분할 수 있다. 지방함량이 비교적 높은 생선을 직화에 구운 것이 가장 풍미가 좋은데 이는 생선을 구울 때 단백질의 응고, 수분의 감소, 지방의 용해와 동시에 어취 성분이 양념의 성분이나 직화에서 나오는 연기 등과 반응하여 생선구이의 독특한 향기를 생성하기 때문이다. 팬구이 시에는 열응착성에 의해 껍질이 분리되지 않고 근육의 형태를 유지하여 쉽게 부서지지 않도록 한다.

KEYWORDS

열응착성 생선을 가열하면 석쇠나 프라이팬에 붙는 성질로 이는 단백질인 미오겐의 펩타이드 사슬 활성기가 노출되어 금속이온과 반응을 일으키는 현상

콜라겐 수축 근절과 근절 사이 콜라겐 격막이 가열 시 수축되어 생선살이 쉽게 부서짐

재료

흰살생선 300 g
식용유 15 g

기구 및 도구

석쇠, 팬
오븐

실험 방법

1 흰살생선을 100 g씩 나누어 다음 3가지 조리 방법으로 익힌다. 석쇠, 팬, 오븐용 팬에 식용유를 발라 들러붙지 않게 한다.

2 조리 전 후의 무게를 측정하여 열에 의한 수축 정도를 산출하고 맛을 평가한다.

$$\text{수축률(\%)} = \frac{\text{조리 전 무게} - \text{조리 후 무게}}{\text{조리 전 무게}} \times 100$$

조리 방법

방법 A 석쇠구이

방법 B 팬구이

방법 C 오븐구이

실험 결과

건열조리 방법에 따른 어류의 조리 시간, 수축률, 맛의 비교

분류	무게(g)	수축률(%)		맛[1]	질감[1]
		조리 전	조리 후		
석쇠구이					
팬구이					
오븐구이					

[1] 순위 평가

결과 고찰

실생활에 응용

생선구이는 강한 불로 빠른 시간에 굽는다. 그러나 된장절임구이나 간장구이 등은 양념에 의해 쉽게 타므로 불을 약하게 하여 굽는다. 또 껍질에 함유된 콜라겐의 수축으로 껍질이 찢어지기 쉬우므로 칼집을 내어 준다. 그릇에 놓을 때 위로 놓이는 쪽을 먼저 굽고 한 번만 뒤집어 모양을 유지할 수 있도록 한다.

실험 3

전처리 방법에 따른 오징어의 수축 비교

오징어의 전처리 방법에 따른 수축 정도를 알 수 있다.

BACKGROUND

오징어는 특유의 맛과 질감으로 인해 찌개, 볶음뿐 아니라 가공을 통해 찬류, 간식 등으로 많이 이용되는 식재료이다. 오징어는 가열하면 축 방향으로 수축한다. 이는 표피의 근원섬유가 열에 의해 변성되어 일어나는 것으로 몸의 축과 평행으로 있는 콜라겐이 근원섬유보다 더 많이 수축되기 때문이다. 칼집을 넣는 방향에 따라 가열에 의한 수축의 정도가 다르므로 완성된 음식의 모양을 생각하고 전처리한다. 또한 가열 시간이 길면 질겨지므로 단시간에 가열한다.

KEYWORDS

오징어의 수축 오징어 표피의 근원섬유와 콜라겐의 변성으로 인해 가열 시 수축함

재료

오징어 3마리

기구 및 도구

도마, 칼, 냄비

실험 방법

1 오징어 3마리의 다리와 내장을 제거하고 가운데를 잘라 펼친다.
2 오징어 몸통을 8×8 cm로 자른다.
3 아래의 조리 방법과 같이 내부 표피에 칼집을 낸다.
4 끓는 물에 넣어 30초간 데친다.
5 가열 후 가로, 세로의 길이를 측정하고 수축된 모양을 관찰한다.

조리 방법

방법 A 오징어의 체축과 같은 방향으로 1 cm 간격으로 칼집을 낸다.
방법 B 오징어의 체축과 직각으로 1 cm 간격으로 칼집을 낸다.
방법 C 대각선 양쪽으로 모두 1 cm 간격으로 칼집을 낸다.

실험 결과

오징어의 칼집 방향에 따른 수축 비교

분류	가열 전 길이(cm)	가열 후 길이(cm)	모양[1]
방법 A	가로 : 세로 :	가로 : 세로 :	
방법 B	가로 : 세로 :	가로 : 세로 :	
방법 C	가로 : 세로 :	가로 : 세로 :	

[1] 묘사법

결과 고찰

실생활에 응용

오징어의 검은색 표피는 조리 후 외관상 좋지 않으므로 벗겨내는 게 좋다. 신선할 때에는 손으로도 쉽게 벗겨진다. 볶음이나 찌개 등에 이용 시 방향과 간격을 고려하여 칼집을 내어 음식의 외관을 보기 좋게 한다.

제14장

달걀

달걀은 영양학적으로 우수한 아미노산 조성으로 이루어진 양질의 단백질을 함유하고 있으며, 가격이 저렴하여 달걀 그 자체만으로 혹은 주요 식품첨가물로 식품 조리에 다양하게 이용되고 있다. 달걀의 난황은 조리 식품에 풍미와 색감을 제공하며, 난황에 다량 함유되어 있는 레시틴은 유화 식품(마요네즈) 조리에 중요한 역할을 담당한다. 또한 난백은 식품에 거품성, 열응고 특성을 제공할 수 있어서 머랭, 머랭쿠키, 엔젤케이크, 커스터드푸딩, 수플레, 알찜 등 다양한 조리 식품에 이용된다.

학습목표

1. 달걀의 품질에 대해 관찰한다.
2. 달걀의 열 응고 특성을 관찰한다.
3. 난황의 유화 특성을 관찰한다.
4. 난백 거품 형성 특성을 관찰한다.
5. 난백 거품 안정성이 식품 질감에 미치는 영향을 관찰한다.

실험내용

실험 ① 진공저온 조리 조건하에서 가열 온도와 시간에 따른 달걀의 응고 특성 비교

실험 ② 조리 방법과 재료 배합에 따른 달걀의 응고성

실험 ③-1(**기초 실험 조리**) 첨가물 종류에 따른 달걀 기포성 및 안정성 비교

실험 ③-2(**응용 실험 조리**) 난백 거품의 열 차단 능력을 이용한 디저트 제조

실험 ④ 달걀의 유화성

실험 1

진공저온 조리 조건하에서 가열 온도와 시간에 따른 달걀의 응고 특성 비교

가열 온도와 시간에 따른 달걀의 응고 상태를 비교한다.

BACKGROUND

달걀이 열에 의하여 응고되는 것은 달걀을 구성하고 있는 단백질의 변성에 의해 일어나는 현상으로 응고란 유동성을 가진 졸(sol) 상태가 반고체의 흐르지 않는 젤(gel) 상으로 되는 것이다. 달걀의 열응고성은 난황과 난백 단백질의 가열 변성온도에 차이가 있기 때문이다. 진공저온 조리법인 수비드 조건에서 난백과 난황의 응고 특성을 관찰한다.

KEYWORDS

난백과 난황(egg white and egg yolk) 난백은 주로 단백질을, 난황은 지방과 콜레스테롤을 제공하여 각각의 고유한 영양 성분을 가짐

수비드(sousvide) 수비드는 저온에서 오랜 시간 동안 식품을 봉지에 담아 물 온도로 조절된 환경에서 조리하는 기술을 의미

가열에 의한 단백질 응고 특성(protein coagulation) 달걀의 단백질은 가열에 의해 특정 온도에서부터(난백은 약 60℃, 난황은 약 65℃) 응고되는 특성이 있음

재료

달걀(신선도, 크기가 비슷한 것) 4개
수비드용 비닐팩

기구 및 도구

온도계, 타이머
수비드용 수조 또는 이를 대체할 수 있는 용기
진공포장기

실험 방법

1 수비드용 수조에 물을 채우고 온도를 설정한다(60℃, 61℃, 62℃, 63℃). 수비드용 수조가 부족할 경우 저온에서 고온으로 온도를 올리면서 실험을 하면 된다.

2 달걀을 수비드용 비닐팩에 넣어 진공포장한다(진공포장 조건은 진공 기기에 따라 다를 수 있으므로 기기의 매뉴얼에 따름)

3 2의 달걀을 온도를 설정한 1의 수비드용 수조에 넣고 60분간 가열한다.

4 수비드 조리한 달걀을 비닐팩에서 꺼내 조심스럽게 껍질을 제거한 후 접시에 올려 달걀의 외관(흰자)을 관찰하고, 반으로 잘라 노른자를 관찰한다.

실험 내용	실험 조건	실험 방법
수비드 조리	수비드 온도 60℃	달걀을 수비드용 비닐팩에 넣어 진공포장한 후 온도를 설정한 수비드용 수조에 넣어 60분간 가열한다.
	수비드 온도 61℃	
	수비드 온도 62℃	
	수비드 온도 63℃	

실험 결과

달걀의 가열 조건에 따른 응고 상태

온도 / 달걀 성상	60℃	61℃	62℃	63℃
흰자의 모양				
흰자의 색감				
흰자의 흐름성				
흰자의 단단함				

달걀 성상 \ 온도	60℃	61℃	62℃	63℃
노른자의 색감				
노른자의 흐름성				
노른자의 단단함				

결과 고찰

실생활에 응용

난백과 난황은 각각 단백질과 지방 등을 다르게 함유하고 있어, 조리에 다양한 활용이 가능하다. 난백은 고단백, 저지방으로 단백질 보충에 좋고, 난황은 지방과 비타민, 미네랄이 풍부하여 영양이 풍성한 식사를 구성할 수 있다.

실험 2

조리 방법과 재료 배합에 따른 달걀의 응고성

달걀 단백질의 가열에 의한 응고 성질은 첨가물(소금, 설탕 등)에 의해 영향을 받는다. 본 실험조리에서는 달걀 단백질의 농도, 첨가물의 종류 및 재료의 배합비를 달리하여 조리한 달걀찜과 커스터드푸딩을 관찰하고 분석한다.

BACKGROUND

달걀은 비교적 저가로 구입할 수 있는 우수한 식품으로 양질의 단백질, 지질, 무기질 등이 풍부하게 포함된 우수식품이다. 달걀 단백질의 가열에 의한 응고 특성과 첨가물의 종류와 배합비를 이용하여 다양한 조리 상품을 제작할 수 있다.

KEYWORDS

가열에 의한 단백질의 응고 특성(protein coagulation) 달걀은 삶거나 굽는 과정에서 단백질이 응고하여 고체 상태로 변함. 가열 시 온도와 시간에 따라 응고 정도가 변하며, 부드러운 스크램블드에그와 같이 다양한 질감을 얻을 수 있음

첨가물(소금, 설탕)의 영향(additives impact) 소금을 첨가하면 응고 과정이 빨라지며, 설탕은 달콤한 맛을 더하고 부드러운 질감을 유지하는 데 도움이 될 수 있으며 첨가물의 양과 종류에 따라 음식의 맛과 질감을 조절할 수 있음

이장 현상(synerisis) 물체가 가열되어 열팽창이 발생한 후, 냉각되면 다시 원래 크기로 수축하는 현상

재료

달걀 10개, 물 110 mL
소금 3 g
우유 70 g
설탕 6 g

기구 및 도구

찜기
저울, 계량스푼
종이컵, 비닐랩
냄비, 오븐

실험 방법

1 달걀은 잘 풀어서 체에 걸러놓는다.

2 다음의 방법과 같이 물과 우유를 이용하여 100%, 60%, 30% 난액을 만들어 각각 무게를 측정한다(난액은 첨가물 순으로 계량하여 종이컵에 담는다).

3 난액을 그릇에 담은 후 랩으로 덮고 160℃ 오븐에서 30분간 가열한다(직접 가열).

4 다른 한 개는 끓는 물에서 약불로 간접 중탕하여 10분간 가열한다(간접 가열).

5 완성된 후 응고물의 외관, 표면의 기포, 경도, 색, 맛을 관찰하고 비교한다.

재료의 조합 방법

달걀찜

조합 A 달걀 100% : 달걀 50 g

조합 B 달걀 100% : 달걀 50 g + 소금 1 g

조합 A 달걀 60% : 달걀 30 g + 물 20 g

조합 B 달걀 60% : 달걀 30 g + 물 20 g + 소금 1 g

조합 A 달걀 30% : 달걀 15 g + 물 35 g

조합 B 달걀 30% : 달걀 15 g + 물 35 g + 소금 1 g

커스터드푸딩

조합 A 달걀 30% : 달걀 15 g + 우유 35 g + 설탕 2 g

조합 B 달걀 30% : 달걀 15 g + 우유 35 g + 설탕 4 g

방법 A 달걀찜

난액 농도	난액 양	물 양	소금 양	조리 방법
100%(50 g)	50 g	-	-	직화 가열
				간접 중탕
			1 g	직화 가열
				간접 중탕

난액 농도	난액 양	물 양	소금 양	조리 방법
60%(30 g)	30 g	20 g	–	직화 가열
				간접 중탕
			1 g	직화 가열
				간접 중탕
30%(15 g)	15 g	35 g	–	직화 가열
				간접 중탕
			1 g	직화 가열
				간접 중탕

방법 B 커스터드푸딩

난액 농도	난액 양	우유 양	설탕 양	조리 방법
30%(15 g)	15 g	35 g	2 g	직화 가열
				간접 중탕
			4 g	직화 가열
				간접 중탕

실험 결과

조리 방법 및 재료 배합에 따른 달걀찜의 특성 비교

난액 농도	소금	조리 방법	외관	부드러움	가공 크기 및 분포[1]	이장 현상[2]
100% (50 g)	–	직화 중탕				
		간접 중탕				
	1 g	직화 중탕				
		간접 중탕				
60% (30 g)	–	직화 중탕				
		간접 중탕				
	1 g	직화 중탕				
		간접 중탕				

난액 농도	소금	조리 방법	외관	부드러움	가공 크기 및 분포[1]	이장 현상[2]
30% (15 g)	-	직화 중탕				
		간접 중탕				
	1 g	직화 중탕				
		간접 중탕				

[1] 순위 평가

조리 방법 및 재료 배합에 따른 커스터드푸딩의 특성 비교

난액 농도	설탕	조리 방법	외관	부드러움	가공 크기 및 분포[1]	이장 현상[2]
30%(15 g)	2 g	직화 중탕				
		간접 중탕				
	4 g	직화 중탕				
		간접 중탕				

[1] 달걀찜, 커스터드푸딩을 접시에 엎어 놓고 가운데를 수직으로 잘라 내부를 관찰

[2] 달걀찜, 커스터드푸딩을 접시에 엎어 놓고 10분 이상 지난 후 물이 빠져나오는 현상과 물의 양을 관찰

결과 고찰

....

....

....

....

....

실생활에 응용

달걀찜을 만들 때 설탕을 넣어주면 설탕이 단백질의 응고를 막아 조직감이 부드러운 달걀찜이 된다. 또한 뚜껑 안쪽 부분을 행주로 감싸고 약한 불에서 그릇을 맨 가장자리에 위치시키면 달걀찜 위에 기포가 생기지 않는다.

실험 3-1 첨가물 종류에 따른 달걀 기포성 및 안정성 비교

첨가물 종류에 따른 난백 거품(머랭)의 기포성 및 안정성을 비교한다.

BACKGROUND

난백 단백질은 뛰어난 기포 형성 능력을 지니고 있어 베이커리에 중요한 역할을 담당한다. 난백의 기포 형성 능력은 달걀의 신선도, 거품기 종류, 휘젓는 속도와 시간, pH, 온도, 첨가물 등에 영향을 받는다. 형성된 난백 거품의 품질은 형성된 거품의 모양과 부피, 거품의 미세함, 유입된 공기방울의 균질함, 거품에서 분리되는 액체량으로 평가할 수 있다.

KEYWORDS

난백 단백질(egg white protein) 달걀의 흰자 부분에 있는 단백질로, 주로 발포나 응고에 활용

기포 형성능(foamability) 달걀흰자는 공기와 잘 혼합되어 기포를 형성할 수 있는 능력이 있음. 부드러운 텍스처를 만드는 데 중요

기포 안정성(foam stability) 달걀 기포가 얼마나 오랫동안 안정적으로 유지되는지를 나타내며, 요리에서 부드러운 텍스처를 유지하는 데 영향을 미침

첨가물 영향(additive influence) 달걀 조리 시 소금이나 설탕과 같은 첨가물은 달걀의 맛과 질감에 영향을 미치며, 조리 과정에서의 응고나 형성능에 변화를 줄 수 있음

재료

달걀 8개, 소금 8 g
식초 12 g, 설탕 120 g

기구 및 도구

거품기, 스테인리스 볼
저울

실험 방법

1 달걀은 흰자만 분리한 후에 스테인리스 볼에 각각 담아 8개를 준비한다.

2 거품기를 이용하여 8분간 휘핑하면서 머랭을 제조한다.

3 거품이 형성된 후, 설탕을 40 g씩 첨가하면서 계속 휘핑한다(설탕은 거품 전체에 골고루 뿌리면서 첨가한다).

4 아래의 표와 같은 조건으로 제조한 머랭의 품질 특성을 비교, 관찰한다.

레몬즙 무첨가

조합 방법	첨가물 조건	실험 조건	실험 방법
방법 A	난백 1개+소금 2g	8분간 휘핑하여 단단한 머랭 제작	조합법을 통해 단단한 머랭을 완성 시키고 관찰한다.
방법 B	난백 1개+설탕 10 g+소금 2 g	8분간 휘핑하여 단단한 머랭 제작	조합법을 통해 단단한 머랭을 완성 시키고 관찰한다.
방법 C	난백 1개+설탕 20 g+소금 2 g	8분간 휘핑하여 단단한 머랭 제작	조합법을 통해 단단한 머랭을 완성 시키고 관찰한다.
방법 D	난백 1개+설탕 30 g+소금 2 g	8분간 휘핑하여 단단한 머랭 제작	조합법을 통해 단단한 머랭을 완성 시키고 관찰한다.

레몬즙 첨가

조합 방법	첨가물 조건	실험 조건	실험 방법
방법 A	난백 1개+소금 2 g+레몬즙 3 mL	8분간 휘핑하여 단단한 머랭 제작	조합법을 통해 단단한 머랭을 완성시키고 관찰한다.
방법 B	난백 1개+설탕 10 g+소금 2 g+ 레몬즙 3 mL	8분간 휘핑하여 단단한 머랭 제작	조합법을 통해 단단한 버랭을 완성시키고 관찰한다.
방법 C	난백 1개+설탕 20 g+소금 2 g+ 레몬즙 3 mL	8분간 휘핑하여 단단한 머랭 제작	조합법을 통해 단단한 머랭을 완성시키고 관찰한다.
방법 D	난백 1개+설탕 30 g+소금 2 g+ 레몬즙 3 mL	8분간 휘핑하여 단단한 머랭 제작	조합법을 통해 단단한 머랭을 완성시키고 관찰한다.

실험 결과

첨가물의 종류에 따른 머랭의 특성 비교

레몬즙 무첨가				
	방법 A	방법 B	방법 C	방법 D
머랭의 단단함				
머랭의 수분 유출량				
머랭의 외관(색, 광택)				
머랭의 유지성				
머랭 기포 입자의 크기				
그릇에서 떨어지는 시간				

레몬즙 첨가				
	방법 A	방법 B	방법 C	방법 D
머랭의 단단함				
머랭의 수분 유출량				
머랭의 외관(색, 광택)				
머랭의 유지성				
머랭 기포 입자의 크기				
그릇에서 떨어지는 시간				

결과 고찰

실생활에 응용

단단하고 윤기 있는 머랭을 만들고자 한다면 설탕을 첨가하지 않은 난백을 거품기로 저어주어 어느 정도 거품이 형성된 후에 설탕을 첨가하는 것이 좋다. 설탕은 2~3번에 걸쳐 나누어 첨가하여 단단하고 윤기 있는 머랭을 만든다.

거품기의 날이 가늘수록 미세하고 안정된 거품이 형성된다.

실험 3-2 난백 거품의 열 차단 능력을 이용한 디저트 제조

난백 단백질을 이용하여 안정된 머랭을 제조하여 아이스크림과 함께 디저트인 베이크트 알래스카(baked Alaska)를 만든 후 아이스크림의 녹은 성상 등을 관찰 분석한다.

BACKGROUND

난백 거품은 난백을 교반하는 과정 중에 공기가 혼입되어 잘게 부서지게 되고 공기방울 주변을 난백 단백질이 둘러싸게 되어 안정한 기포를 형성한 형태이다. 난백 거품은 교반 속도, 교반 시간, 첨가물의 종류에 따라 거품의 안정성에 영향을 받는데, 이는 혼입된 공기방울의 크기, 계면의 점도 등에 영향을 미치기 때문이다. 안정된 난백 거품은 조리 식품의 볼륨, 질감 등에 매우 중요한 역할을 할 뿐만 아니라 외부의 열을 차단하는 효과를 지니고 있다.

KEYWORDS

난백 거품의 열 차단성 난백을 휘핑할 때 들어가는 공기가 잘게 부서지고 그 주변을 난백 단백질이 흡착하여 거품을 안정화시킴. 거품 속에 분산되어 있는 기포는 외부의 열을 차단시키는 효과가 있음

재료

난백 4개
설탕 60 g
카스텔라 2개
아이스크림 350 g

기구 및 도구

오븐
거품기, 스테인리스 볼
빵칼, 아이스크림 스쿱

실험 방법

1 오븐을 230℃로 예열한다.

2 난백 2개를 중속으로 휘핑하다가 거품이 조금 올라오면 설탕 30 g을 3번에 나누어 넣으면서 고속으로 믹싱해 단단한 머랭을 만든다.

3 카스텔라 빵 위에 단단한 아이스크림을 170 g 얹고, 머랭을 카스텔라와 아이스크림 위에 바른다. 이때 카스텔라와 아이스크림이 보이지 않게 골고루 바른다.

4 예열된 오븐에 넣어 3분간 머랭을 구워준다.

5 오븐에서 꺼내 접시에 담는다.

6 칼로 가운데를 수직으로 잘라 내부의 아이스크림과 표면의 머랭의 형태를 관찰한다.

실험 결과

조리 방법 및 재료 배합에 따른 달걀찜의 특성 비교

구분	구운 머랭의 단단함	구운 머랭 표면의 광택 및 색감	아이스크림의 녹은 정도
단단한 머랭을 바른 베이크드 알래스카			

결과 고찰

실생활에 응용

파블로바(Pavlova)는 뉴질랜드 특유의 대중적인 디저트로 살짝 구운 머랭에 신선한 과일과 휘핑크림을 넉넉하게 얹은 것이다.
단단하고 안정된 머랭일수록 겉은 바삭하고 속은 부드러운 파블로바를 만들 수 있다.

실험 4 달걀의 유화성

달걀노른자의 레시틴의 유화제 역할을 이용하여 마요네즈를 만들고 첨가물에 따른 마요네즈의 품질 특성을 비교한다.

BACKGROUND

유화는 서로 섞일 수 없는 두 가지 이상의 물질이 일시적으로 또는 반영구적으로 섞여 있는 상태이다. 유화액을 형성하기 위해서는 친수성과 친유성의 양친매성 특성을 지니는 물질이 필요한데 달걀노른자 속에 들어 있는 인지질인 레시틴은 천연 유화제 역할을 한다.

KEYWORDS

유화(emulsion) 두 개 이상의 서로 섞이지 않는 물질을 섞어 만든 안정된 혼합물. 예를 들어, 물과 기름을 유화시켜 만든 드레싱이나 소스 등이 여기에 해당됨

유화제(emulsifier) 두 개 이상의 섞이지 않는 물질을 섞을 수 있게 해주는 물질. 유화제는 주로 기름과 물을 섞어 만든 유화 혼합물을 안정화시키는 역할을 함

마요네즈(mayonnaise) 두 개 이상의 섞이지 않는 물질. 식초, 달걀노른자, 식물성 오일 등을 유화하여 만든 크리미하고 풍부한 텍스처의 소스로, 샐러드나 샌드위치 등 다양한 음식에 사용되어 섞을 수 있게 해주는 물질. 유화제는 주로 기름과 물을 섞어 만든 유화 혼합물을 안정화시키는 역할을 함

재료

달걀노른자 240 g, 식초 160 g, 소금 8 g
설탕 32 g, 식용유 1,400 g
7% 밀가루풀(*밀가루 7 g에 물 93 g을 붓고 잘 섞어 현탁시킨 후, 약한 불에서 저으면서 호화시킨 다음 식혀 놓음)

실험군 1개당 재료

재료	난황	식초	소금	설탕	식용유
분량	30 g	20 g	1 g	2 g	175 g

※밀가루풀은 식힌 후 각 14 g, 28 g, 42 g씩 첨가

기구 및 도구

거품기
스테인리스 볼, 냄비, 알뜰주걱
계량도구

실험 방법

대조군

1 달걀노른자에 식초, 소금, 설탕을 넣고 거품기로 잘 섞는다.

2 기름을 한 번에 3 g씩 넣어주면서 계속 젓는다.

3 약 35 g의 기름을 첨가한 후부터는 기름의 양을 조금씩 더 넣으면서 젓는다.

비교군

1 달걀노른자에 식초, 소금, 설탕을 넣고 거품기로 잘 섞는다.

2 7%로 제조한 밀가루풀을 14 g(실험 1), 28 g(실험 2), 42 g(실험 3)씩 각각 넣으면서 잘 젓는다.

3 밀가루풀을 첨가한 재료에 기름을 3 g씩 넣어주면서 잘 젓는다.

4 기름과 재료가 분리되지 않고, 전체적으로 볼륨감이 생긴 지점을 마요네즈 완성 단계로 하여 전분 풀의 첨가량에 따라 첨가되는 기름의 양을 기록한다(남은 기름의 양을 측정해 계산).

실험 결과

기름 및 첨가물의 종류에 따른 마요네즈의 특성 비교

기름의 종류	첨가물의 종류	첨가된 기름의 양	기름이 분리되는 정도	색(윤기)	입 안에서의 질감	풍미 (기름 냄새 등)
식용유	첨가물 없음					
	밀가루풀 14 g					
	밀가루풀 28 g					
	밀가루풀 42 g					

결과 고찰

실생활에 응용

마오네즈 제조 원리를 이용해 홀렌다이 소스를 만들 수 있다.
물을 담은 냄비를 불에 올려 뜨거워지면 불을 줄이고 그 위에 작은 볼을 넣고 물이 튀지 않도록 중탕으로 달걀노른자를 저으면서 녹인 버터를 조금씩 넣어가며 빠르게 젓고, 향신초(통후추, 파슬리, 식초)는 한 방울씩 넣어가며 젓는다.

제15장

우유 및 유제품

우유는 포유동물의 유선에서 분비되며 어린 동물의 성장에 필요한 여러 가지 영양소가 들어 있으므로 영양 가치가 높은 식품이다. 인류가 동물의 유즙을 식용으로 한 것은 약 1만 년 전 석기시대에 가축을 키운 이후로 추측하고 있다. 소, 양, 말, 물소, 낙타 등 여러 포유동물의 유즙을 식용으로 하고 있으나 보편적으로 사용하고 있는 것은 우유이다. 우유를 사용한 우리나라 전통 음식으로는 타락죽이 대표적이다.

학 습 목 표

1. 시판되는 다양한 우유의 색과 맛, 영양소를 비교한다.
2. 조리 시 열처리에 의한 우유의 변화를 관찰한다.
3. 조리 시 산의 첨가에 의하여 일어나는 우유의 변화를 관찰한다.
4. 다양한 유제품에 거품을 만들어 거품 형성 정도와 특성을 비교한다.

실 험 내 용

실험 ① 여러 가지 우유의 특성 비교

실험 ② 가열 처리에 의한 우유의 변화

실험 ③ 산에 의한 우유의 응고

실험 ④ 유제품의 거품 형성

실험 1

여러 가지 우유의 특성 비교

시판되는 다양한 우유의 맛과 영양소를 비교한다.

BACKGROUND

우유의 살균(pasteurization) 방법에는 저온장시간살균법, 고온단시간살균법, 초고온순간살균법이 있으며, 살균 조건에 따라 약간의 맛의 차이는 있으나 살균 방법에 의하여 영양적 차이는 거의 생기지 않는다. 동일한 원유를 사용하였을 경우 저온장시간살균, 고온단시간살균한 우유는 내열성 잔존 세균에 쉽게 변질될 수 있으므로 맛이나 영양적 가치가 저하될 우려가 있으나 초고온순간살균의 경우 거의 모든 내열성 세균 및 유해 세균이 사멸되므로 우유의 보관성 유지는 물론 영양분의 손실 없이 고소한 맛을 느낄 수 있다.

우유의 각 조성 중에서 단백질과 지방 함량이 변화가 심하며 이로 인하여 맛의 변화도 생기는데 지방은 부드러운 우유 특유의 질감과 고소한 맛을 주지만 4.5% 이상의 고지방 우유는 느끼한 맛과 조립상의 풍미를 가지게 되므로 많은 양을 섭취할 경우 오히려 기호도가 감소한다. 우유 단백질은 고소한 맛을 내며, 유당은 감미를 주고 우유의 농도를 진하게 해준다.

KEYWORDS

저온장시간살균(low temperature long time) 63~65℃에서 30분간 살균

고온단시간살균(high temperature short time) 72~75℃에서 15~20초간 살균

초고온순간살균(ultra high temperature) 130~150℃에서 0.5.5초간 살균

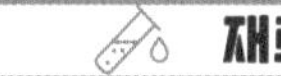

재료

흰 우유(저온살균, 고온살균, 초고온살균)
흰 우유(저지방, 무지방)
초콜릿(딸기) 맛 우유

기구 및 도구

투명한 유리컵(준비한 우유의 종류 개수만큼)
작은 스푼(준비한 우유의 종류 개수만큼)

실험 방법

1 시판되는 다양한 우유를 구입한 후 각 우유를 유리컵에 따라서 색을 살펴보고 맛을 평가한다.

2 각 우유의 포장에 표기된 영양 성분을 비교한다.

실험 결과

우유의 특성 비교

우유의 종류	색	맛	영양소 함량(100 mL당)					
			열량 (kcal)	탄수화물 (g)	단백질 (g)	지방 (g)	칼슘 (mg)	나트륨 (mg)

결과 고찰

실생활에 응용

가공 우유는 다양한 소비자의 입맛에 맞추기 위하여 흰우유에 기호성 첨가물을 혼합하여 만든 우유이다. 초콜릿, 커피, 딸기, 멜론, 바나나 등의 과육과 향료, 당류 등을 첨가하여 가공하면 현재 우리나라에서 생산되고 있는 초콜릿우유, 커피우유, 딸기우유, 멜론우유, 바나나우유 등이 된다.

가열 처리에 의한 우유의 변화

조리 시 열처리에 의한 우유의 변화를 관찰한다.

BACKGROUND

우유는 가열에 의하여 유청단백질(α-lactalbumin, β-lactoglobulin)이 응고한다. 우유를 데우는 동안 표면에 얇은 피막이 생기고 제거하면 다시 형성되는데 이 피막은 우유의 알부민(albumin)과 염, 지방구가 서로 혼합 응고된 것이다. 가열 온도가 높을수록 두꺼운 피막이 형성되고 열에 의해 지방구를 둘러싼 얇은 단백질의 막이 파열되어 지방이 재결합되며 응집하는 것을 볼 수 있다.

KEYWORDS

유청(whey) 치즈 제조 시 응고물을 제거하고 남은 액체로, 수분 93%, 유당, 유청단백질로 구성

락트알부민(α-lactalbumin) 유청단백질로 우유 총 단백질의 2~5%를 차지

락토글로불린(β-lactoglobulin) 유청단백질로 우유 총 단백질의 7~12%를 차지

재료

흰 우유 450 mL

기구 및 도구

뚜껑 있는 냄비(지름 18 cm 정도) 3개

실험 방법

1. 지름 18 cm 정도 같은 크기의 뚜껑 있는 냄비를 3개 준비한다.
2. 각 냄비에 150 mL의 흰 우유를 넣고 다음의 세 가지 방법으로 가열한 후 평가한다.

가열 방법

방법 A 냄비 뚜껑을 닫고 약한 불로 10분간 가열한다.

방법 B 냄비 뚜껑을 열고 약한 불로 10분간 가열한다.

방법 C 흰 우유에 물을 50 mL 첨가하여 뚜껑을 닫고 약한 불로 10분간 가열한다.

(주의) 강한 불로 가열하게 되면 끓어 넘치거나 수분이 증발하여 실험 결과 관찰이 어려울 수 있으므로 주의한다.

실험 결과

가열에 의한 우유의 특성 비교

가열 방법	우유 표면 피막 형성 정도	냄비 바닥이나 벽면에 응고된 정도
방법 A		
방법 B		
방법 C		

결과 고찰

실생활에 응용

우유는 냉장 유통되므로 가급적 차게 마시는 것이 좋으며, 뜨겁게 마시고자 할 때에는 60℃ 전후로 데워서 음용하는 것이 좋은데, 우유를 장시간 높은 온도에서 가열하면 가열취(cooked flavor)가 생기고 영양 성분의 변질이 우려되기 때문이다.

실험 3

산에 의한 우유의 응고

조리 시 산의 첨가에 의하여 일어나는 우유의 변화를 관찰한다.

BACKGROUND

신선한 우유의 pH는 약 6.6 정도이다. pH가 4.6 정도로 낮아지면 우유 단백질인 카세인이 응고하게 되는데 유청단백질은 산에 의해 응고하지 않는다. 조리 시 과일이나 과즙의 첨가, 유산균에 의하여 이러한 변화가 일어난다.

KEYWORDS

카세인(casein) 우유 단백질의 80%를 차지하며 산 또는 효소에 의해 응고

발효유(fermented milk) 유즙을 유산균 또는 효모에 의해 발효시킨 제품(요구르트 등)

재료

흰 우유 300 mL
식초 10 mL
레몬즙 10 mL(레몬 1개)
토마토즙 10 mL(토마토 1개)

기구 및 도구

유리볼(중간 크기) 3개
pH meter 또는 pH paper
메스실린더(100 mL) 3개
유리 깔때기 3개
여과지 또는 거즈 3장(유청과 응고물 분리용)
레몬즙 · 토마토즙 추출용 강판, 거즈

실험 방법

1 레몬과 토마토는 강판으로 갈아서 즙을 낸 후 거즈로 거른다.

2 유리볼 3개에 중불에서 가열한 우유 100 mL씩을 담고 다음에 제시한 처리 방법대로 산을 첨가한 후 응고물이 형성될 때까지 5분 정도 방치하여 pH를 측정한다.

3 pH 측정 후 여과지 또는 거즈에 걸러 유청과 응고물로 분리한다.

4 분리된 응고물(curd)의 특성을 비교하고 응고물의 함량을 알아본다.

$$\text{응고물(\%)} = \frac{110(\text{mL}) - \text{유청}(\text{mL})}{110(\text{mL})} \times 100$$

처리 방법

방법 A 우유 100 mL+식초 10 mL

방법 B 우유 100 mL+레몬즙 10 mL

방법 C 우유 100 mL+토마토즙 10 mL

실험 결과

산의 첨가에 의한 우유의 변화

첨가하는 산의 종류	pH	혀에서 느끼는 촉감	응고물(%)
식초			
레몬즙			
토마토즙			

결과 고찰

실생활에 응용

우유는 산이나 효소 레닌에 의해 응고되며, 치즈는 우유의 응고성을 이용하여 만든 유가공품이다. 조리 시 산의 첨가에 의한 우유의 응고를 최소화하려면 산성 물질에 우유를 넣지 말고 우유에 산성 물질을 서서히 첨가하는 방법이 유리하며, 산을 첨가한 후 고온으로 가열하지 않는 것이 좋다.

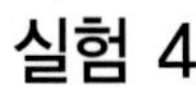

실험 4 유제품의 거품 형성

다양한 유제품으로 거품을 만들어 거품 형성 정도와 특성을 비교한다.

BACKGROUND

우유 속 지방구의 크기는 차이가 많으며 균질화되지 않은 우유 지방은 서로 응집하려는 경향이 있다. 유지방이 30% 이상 함유된 크림은 낮은 온도(5℃ 이하)에서 저으면 미세한 기포가 응집되는데 이를 이용해 제과 장식을 하기도 한다. 유지방이 함유된 크림과 유사하게 식물성 지방으로 제조한 유사 크림이 사용되기도 한다.

KEYWORDS

전지분유 원유를 성분의 변화 없이 우유 중의 수분만을 증발시켜 건조한 분유

탈지분유 원유에서 유지방분(크림)을 제거한 후 분말화한 것

휘핑크림(whipped cream) 생크림을 원료로 하여 거품이 잘 나도록 유화제를 넣고 가공 처리한 액상 크림

식물성 크림 팜유를 주재료로 하고 여러 가지 첨가물을 넣어 제조한 유사 크림

재료

전지분유(분유 14 g, 물 90 mL)
탈지분유(분유 14 g, 물 90 mL)
휘핑크림(무가당) 100 mL
식물성 휘핑크림 100 mL
분당 40 g
레몬주스 30 mL

기구 및 도구

깊은 유리볼(2컵 분량 이상의 크기) 3개
핸드믹서 또는 거품기
메스실린더(100 mL) 4개
유리 깔때기 4개
여과지 또는 거즈 4장
액체 계량컵
고무주걱
비닐랩

실험 방법

1 모든 재료 및 도구(유제품, 용기, 핸드믹서 또는 거품기)를 냉장고에 넣어 5시간 이상 냉각한다.

2 전지분유와 탈지분유는 각각 물 90 mL에 섞어 분산시켜 냉장 보관해 놓는다.

3 작고 깊은 유리볼에 전지분유, 탈지분유, 휘핑크림 액을 담고 각각 아래 4가지 처리 방법으로 거품을 충분히 낸다.

4 형성된 거품을 고무주걱으로 계량컵에 옮겨 부피를 측정한다.

5 거품의 안정성을 조사하기 위해 여과지 또는 거즈를 깐 같은 크기의 깔대기에 꽉 차게 거품을 담아 평평하게 한 후 거품이 마르지 않도록 비닐랩으로 가볍게 싸서 30분간 방치한 다음 유출된 액체의 양을 측정한다.

처리 방법

방법 A 전지분유액을 핸드믹서로 거품을 내면서 레몬주스 10 mL와 분당 10 g을 첨가하여 계속(5분 정도) 거품을 낸다.

방법 B 탈지분유액을 핸드믹서로 거품을 내면서 레몬주스 10 mL와 분당 10 g을 첨가하여 계속(5분 정도) 거품을 낸다.

방법 C 휘핑크림을 핸드믹서로 거품을 내면서 분당 10 g을 첨가하여 계속(5분 정도) 거품을 낸다.

방법 D 휘핑크림(식물성)을 핸드믹서로 5분간 거품을 낸다(무가당인 경우 분당 10 g을 첨가한다).

실험 결과

유제품의 거품 형성 비교

유제품별 처리 방법	형성된 거품의 부피 (mL)	30분 방치 후 분리된 액체 양 (mL)	수응도[1]
방법 A			
방법 B			

유제품별 처리 방법	형성된 거품의 부피 (mL)	30분 방치 후 분리된 액체 양 (mL)	수응도[1)]
방법 C			
방법 D			

1) 거품의 크기, 색, 밀도 등을 종합적으로 평가하여 거품의 이용 가능성에 대한 순위를 매김

결과 고찰

실생활에 응용

유제품으로 거품을 만들 때 크림, 거품 내는 용기, 도구 등이 냉각되어 있으면 거품이 잘 형성되며, 10℃ 이상으로 온도가 높아지면 크림의 지방구가 퍼져서 거품이 잘 형성되지 않는다. 거품 형성 시에 설탕을 첨가하면 거품이 안정적으로 유지되는데 설탕은 거품 형성 후반기에 조금씩 서서히 첨가하는 것이 좋다.

부록

무게와 부피

1. 계량단위의 약어
2. 교환 계량단위
3. 섭씨온도와 화씨온도의 환산

측정법

1. 종실을 이용한 부피 측정법
2. 고형 식품의 부피 측정법(물치환법)
3. 액체 식품의 점도 측정법(겉보기점도)
4. 젤(gel)의 강도 측정법

무게와 부피

1. 계량단위의 약어

ts = teaspoon	mL = milliliter
Ts = tablespoon	L = liter
C = cup	mm = millimeter
pt = pint	cm = centimeter
qt = quart	m = meter
gal = gallon	μg = microgram
oz = ounce	mg = milligram
lb = pound	g = gram
in = inch	kg = kilogram
ft = foot	

2. 교환 계량단위

미국식 쿼트법에 의해 제작된 용기 1컵의 표준 용량은 240 mL이나 미터법을 적용하는 경우에는 250 mL이고, 우리나라와 일본 등 일부 국가의 경우 1컵의 표준 용량을 200 mL로 하고 있다. 우리나라의 기준으로 계량스푼의 용량, 계량컵과 계량스푼 교환량은 아래와 같다.

1작은술(tea spoon, ts) = 5 mL

1큰술(table spoon, Ts) = 15 mL = 3작은술

1컵(cup, C) = 200 mL ≒ 13.3큰술

3. 섭씨온도와 화씨온도의 환산

℉ (Fahrenheit) ↔ ℃ (Celsius)

℉ = 9/5℃ + 32

℃ = 5/9(℉ − 32)

고도에 따른 끓는 물의 온도		
m	℃	℉
해수면	100.0	212
304	98.9	210
608	98.4	208
912	96.7	206
1216	96.0	205
1520	95.0	203
1824	93.9	201

섭씨온도와 화씨온도의 전환			
℃	℉	℃	℉
-18	0	113	236
0	32	121	250
22	72	132	270
35	95	149	300
40	104	160	320
49	120	177	350
60	140	185	365
71	160	190	375
85	185	204	400
100	212	219	425

측정법

1. 종실을 이용한 부피 측정법(Seed Displacement)

준비물

크기가 다른 2개의 용기(측정하려는 식품의 부피보다 용량이 커야 함)

좁쌀 등과 같은 크기가 작은 종실류

메스실린더 혹은 계량컵, 스패튤라

측정 방법

① 크기가 큰 용기 속에 작은 용기를 넣는다.

② 작은 용기 내에 종실을 가득 채운 후 스패튤라로 윗면을 편평하게 깎는다.

③ 이 종실을 메스실린더 혹은 계량컵에 조심스럽게 옮겨 담아 작은 용기의 부피(V1)를 측정한다.

④ 다시 큰 용기 속에 작은 용기를 넣는다.

작은 용기의 바닥에 약간의 종실을 깐 다음 측정 시료를 넣고 용기를 종실로 가득 채운 후 스패튤라로 윗면을 평편하게 깎는다. 이때 시료는 종실로 완전히 덮여 보이지 않아야 한다.

⑤ 종실을 다시 메스실린더 혹은 계량컵에 옮기고, 시료를 넣었을 때의 종실의 양(V_2)을 측정한다.

⑥ 시료의 부피는 (V_1-V_2)의 값으로 계산된다.

2. 고형 식품의 부피 측정법(물치환법)

준비물

메스실린더, 대형 용기, 중형 용기

측정 방법

소형 식품

① 부피가 작은 식품은 메스실린더를 이용한다.

② 메스실린더에 일정량의 물을 채운 후 부피를 측정한다.

③ 여기에 작은 식품을 넣어서 증가한 부피를 측정한다.

④ 증가한 부피에서 처음 물의 부피를 빼면 작은 식품의 부피가 된다 .

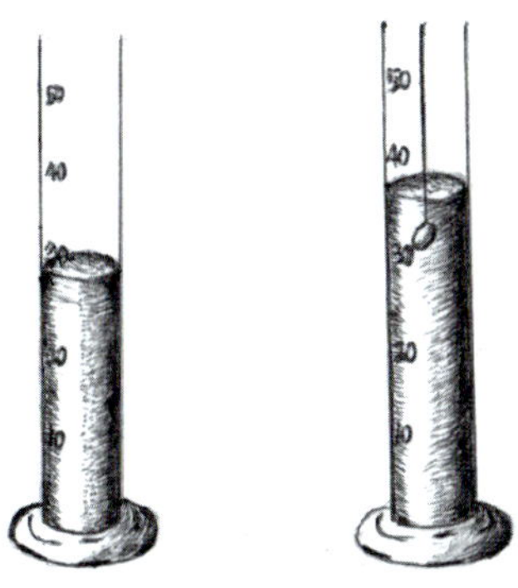

중형 식품

① 메스실린더에 들어가지 않는 식품은 중형 용기에 물을 가득 채운 후, 이것을 빈 대형 용기에 넣는다.

② 중형 용기에 식품을 넣은 후, 흘러넘친 물을 메스실린더로 측정한다. 이것이 식품의 부피가 된다.

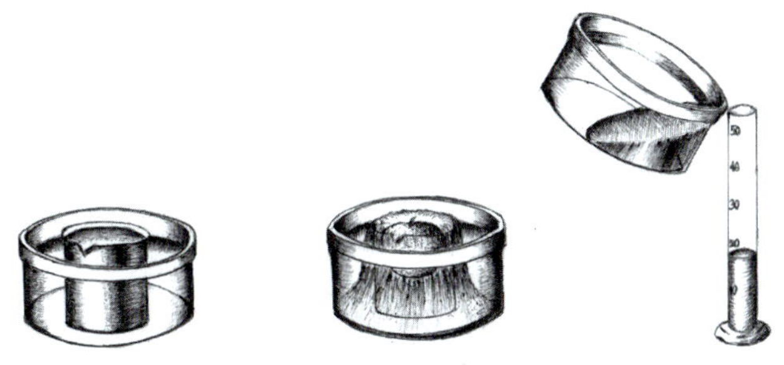

3. 액체 식품의 점도 측정법(걷보기점도)
(Line Spread, Apparent Viscosity, Resistance to Flow)

준비물

투명한 파이렉스판, 유리판 혹은 두꺼운 비닐(또는 코팅한 모눈종이)

양면이 뚫린 둥근 유리관 혹은 파이렉스관(직경 3 cm, 높이 2.5 cm)

모눈종이(다음과 같이 가운데에 위의 원통과 같은 직경의 원을 그리고 원의 중심을 지나도록 수직선을 그려 넣는다.)

온도계

시계

측정 방법

① 모눈종이 위에 투명한 판을 올려놓는다.

② 모눈종이의 원의 위치에 원통을 놓는다.

③ 일정한 온도의 시료를 원통의 윗부분까지 가득 채운다.

④ 원통을 단번에 들어내고, 정확히 1분 동안 시료가 흐르도록 방치한다.

⑤ 4개의 직선을 따라 시료가 이동한 거리를 신속하게 읽는다.

⑥ 4개 측정치의 평균값으로부터 겉보기점도를 구한다.

겉보기점도가 적을수록 시료의 점도가 높은 것을 의미한다.

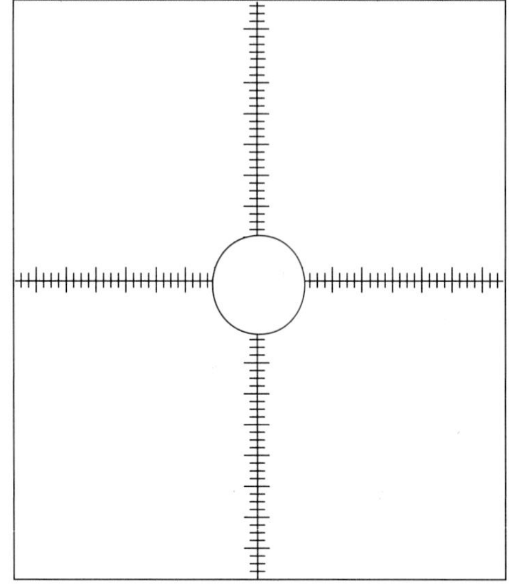

4. 젤(gel)의 강도 측정법(Percent sag, %sag)

준비물

한쪽 끝이 뾰족한 가는 막대(직경 1 mm 이하)

눈금자 혹은 노기스(vernier callipers)

편평한 판(plate), 식용유, 굳힐 틀

측정 방법

① 틀에 미리 약간의 기름을 발라놓는다 .

② 졸(sol) 상태의 식품을 기름 바른 틀에 붓고 반고체인 젤(gel) 상태로 굳힌다.

③ 일정 시간(24시간)이 지나면 시료를 틀에 담은 채로 가는 막대가 기울어지지 않도록 주의하면서 뾰족한 끝이 젤의 밑바닥에 닿도록 수직으로 꽂는다.

④ 가는 막대와 젤의 윗면이 닿는 부위에 표시를 한다.

⑤ 막대를 뺀 후 뾰족한 끝에서 표시된 부위까지의 길이를 측정하여 틀 내에서의 젤의 높이를 잰다.

⑥ 젤을 편평한 판에 붓고, 막대를 이용하여 다시 높이를 측정한다.

⑦ 다음 공식으로부터 %sag을 산출한다.

$$\%sag = \frac{\text{틀 내에서의 젤의 높이} - \text{틀에서 꺼낸 후의 젤의 높이}}{\text{틀 내에서의 젤의 높이}} \times 100$$

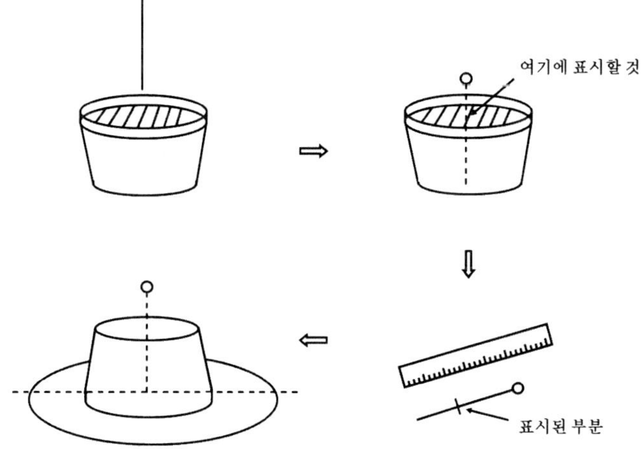

찾아보기

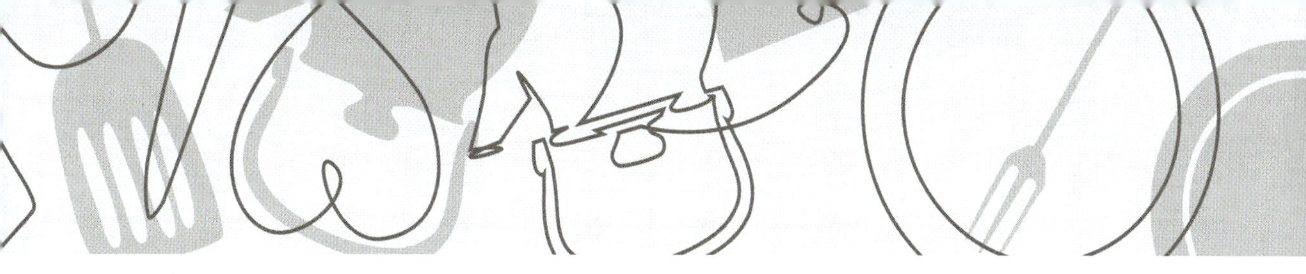

영문 색인

저자 소개

감수

손경희 연세대학교 식품영양학과 명예교수

윤계순 우석대학교 외식산업조리학과 명예교수

류은순 부경대학교 식품영양학과 명예교수

이명희 배재대학교 식품영양학과 명예교수

저자

민성희 연세대학교 식품영양학과 이학박사
현재 세명대학교 바이오식품영양학부 교수

신원선 일본 쿄토대학교 식품공학과 Ph.D.
현재 한양대학교 식품영양학과 교수

정혜정 연세대학교 식품영양학과 이학박사
현재 전주대학교 외식조리학과 교수

채선희 연세대학교 식품영양학과 이학박사
현재 연세대학교 식품영양학과 겸임교수

김지향 연세대학교 식품영양학과 이학박사
현재 명지대학교 방목기초교육대학 객원교수

박옥진 연세대학교 식품영양학과 이학박사
현재 여주대학교 호텔조리베이커리과 교수

최미경 연세대학교 식품영양학과 이학박사
현재 계명대학교 식품영양학과 교수

개정판

새로 쓴 조리원리실습

2024년 3월 15일 개정판 1쇄 발행
2010년 3월 5일 초 판 1쇄 발행

감 수 손경희 · 윤계순 · 류은순 · 이명희
지은이 민성희 · 신원선 · 정혜정 · 채선희
김지향 · 박옥진 · 최미경
발행인 이 영 호
발행처 **수 학 사**
10881 경기도 파주시 회동길 56 기한재 1층
출판등록 1953년 7월 23일 제2020–000143호
전화번호 031) 946–4642(代) 팩스 031) 944–1457
http://www.soohaksa.co.kr
디자인 명연

정가 25,000원

ISBN 978-89-7140-242-9 (93590)